U0266337

C 语言综合项目实战

叶安胜　鄢　涛　主编

科学出版社

北京

内 容 简 介

本书内容包括两部分，第一篇：磨刀不误砍柴工。主要介绍 C 语言的基本概述、发展历史以及能做什么，并对当前主流的开发平台 VC＋＋和 VS.NET 2013 平台下常规项目的创建进行了介绍。第二篇：绝知此事要躬行。该篇是本书的核心，按照 C 语言本身的知识体系，包括程序流程控制、大项目组织、递归及应用、数组、结构、指针、文件、数据库及图形处理九大知识框架，通过 9 个实战项目，将 C 语言结构化程序设计思想充分应用于这九大类别实战项目中。每个实战项目包括问题的描述、算法分析、流程设计以及主要功能的实现代码等，展示了一个典型项目的完整开发过程。

本书适合作为大专院校各专业层次学生，以提升 C 语言程序设计的动手实践与编程能力。通过对本书各项目实战的练习，读者能够进一步复习、巩固和掌握 C 语言程序设计的编程应用和解决实际问题的能力。

图书在版编目（CIP）数据

C 语言综合项目实践/叶安胜，鄢涛主编. —北京：科学出版社，2015.3
（2019.1重印）
ISBN 978-7-03-043550-7

Ⅰ.①C… Ⅱ.①叶… ②鄢… Ⅲ.①C 语言－程序设计 Ⅳ.①TP312

中国版本图书馆 CIP 数据核字（2015）第 042709 号

责任编辑：杨　岭　冯　铂/责任校对：韩雨舟
责任印制：余少力/封面设计：墨创文化

科 学 出 版 社 出版
北京东黄城根北街 16 号
邮政编码：100717
http://www.sciencep.com
成都锦瑞印刷有限责任公司印刷
科学出版社发行　各地新华书店经销

＊

2015 年 2 月第 一 版　开本：16（787×1092）
2019 年 1 月第四次印刷　印张：19.5
字数：600 000

定价：48.00 元
（如有印装质量问题，我社负责调换）

《C 语言综合项目实战》
编委会

主　编： 叶安胜　鄢　涛

副主编： 蒲　强　古沐松　周晓清　张修军

编　委： 叶安胜　鄢　涛　蒲　强　古沐松　周晓清　刘永红　赵卫东

张修军　高朝邦　于　曦　张志强　苏长明　段林涛　刘　昶

前　　言

C 语言是一种非常出色的程序设计语言，用它编制出来的程序短小精练，设计思路灵活多样，广泛应用于程序开发，特别是系统驱动程序、嵌入式领域、操作系统开发等等。对于大多数初学者而言学习 C 语言感觉抽象、难理解，基本语法都知道，但真正面临实际业务、解决实际问题、动手编写程序时就显得无从下手。

本书以 Visual C++ 6.0 和 VS. NET 2013 作为集成开发平台，提供的所有实战项目源程序均在此环境下调试通过。C 语言程序设计是一门实践性很强的基础课程，本书提供大量实战项目的基本算法思想及编程思路，建议学习者多阅读程序，模仿经典算法，然后改写程序，最后应用于解决实际问题。只有通过大量的实战项目及编程训练，逐步掌握 C 语言编程特点及编程思路，进而提高自己的开发应用能力。本书作者长期从事高校 C、C++和 Java 等语言开发类课程的教学，同时从事相关软件项目开发多年，具有丰富的项目开发经验，因此本书的项目实战为广大学习者提供了重要的指引作用。

全书在内容组织上分为两部分，共两篇。

第一篇：磨刀不误砍柴工

该篇共四章内容，主要介绍 C 语言的基本概述，发展历史、C 语言能做什么及开发过什么系统，并对当前主流的开发平台 VC++和 VS. NET 2013 下项目的创建、调试技巧及编程规范进行了介绍。

第二篇：绝知此事要躬行

该篇是本书的核心，共包括 9 章内容，这些内容按照 C 语言本身的知识体系，包括程序流程控制、大项目组织、递归及应用、数组、结构、指针、文件、数据库及图形处理等九大知识体系，通过九大类实战项目，将 C 语言结构化程序设计思想充分应用于这9 个实战项目当中。每个实战项目包括问题的描述、算法分析、流程设计以及主要功能的实现代码等，展示了典型项目的完整开发过程。

本书由叶安胜、鄢涛担任主编，蒲强、古沐松、周晓清、张修军担任副主编，参与者还有刘永红、赵卫东、高朝邦等。各章编写工作如下：第一篇：磨刀不误砍柴工，由叶安胜编写完成，周晓清完成其中第 2 章的编写，高朝邦参与第 4 章编写。第二篇：绝知此事要躬行，实战 1 由古沐松编写，实战 2 和实战 3 由周晓清和叶安胜共同编写，实战 4 由周晓清、张修军和鄢涛共同编写，实战 5、实战 6 由鄢涛编写，实战 7 由刘永红和于曦编写，实战 8 由赵卫东和刘昶编写，其中蒲强参与实战 5，实战 6 部分内容编写，实战 9 由蒲强编写。全书由鄢涛和叶安胜汇总统筹规划修改定稿。

在本书的编写过程中得到了成都大学信息科学与技术学院领导和老师们的关心与支持，于曦、张志强、苏长明、段林涛、刘昶以及 .NET 开发课程群老师等提出了许多宝贵的意见，在此对以上老师表示衷心感谢。此外，在本书的编写过程中，还参考了大量的文献资料，在此谨向这些文献资料的作者表示感谢。

由于时间仓促和水平所限，书中的疏漏之处在所难免，恳请各位专家和读者不吝批评和指正。

编　者

2014 年 10 月于成都

目 录

第一篇

磨刀不误砍柴功

第1章　C语言也能干大事

目前流行的计算机编程语言有C语言、C++、Java、C♯、PHP、JavaScript等，每种语言都有自己的特点，例如：C语言是较早开发的一种高级语言，后来很多程序设计语言都是以C为蓝本进行设计的；C语言和C++主要用来开发系统软件；Java和C♯不但可以用来开发桌面软件，还可以用来开发网站后台程序；PHP主要用来开发网站后台程序；JavaScript主要负责网站的前端开发工作，等等。

C语言语法简单精炼，概念少、效率高，包含了基本的编程元素，对当今流行的语言(C++、Java等)均有参考作用，说C语言是现代编程语言的开山鼻祖毫不夸张，它改变了编程世界。正是由于C语言的简单，对初学者来说，学习成本小、时间短，结合本教程，能够快速掌握编程技术。毫不夸张地说，C语言是学习编程的第一门语言，你不用考虑其他的选择，也许你将来的工作或学习不会使用C语言，但是它能让你了解编程相关的概念，带你走进编程的大门，以后学习其他语言，自然会触类旁通，很快上手，短时间内学会一门新计算机语言决不是神话。

1.1　C语言的发展历史

C语言早在19世纪70年代初问世，1978年美国电话电报公司(AT&T)贝尔实验室正式发布C语言，后由美国国家标准局(American National Standards Institute，简称ANSI)制定了一套C语言标准，于1983年发表，通常称之为ANSI C。

让我们先了解一下C语言的发展历史。

1.1.1　C语言早期发展

C语言之所以命名为C，它的原型是ALGOL 60语言，也被称为A语言。

1963年，剑桥大学将ALGOL 60语言发展成为CPL(Combined Programming Language)语言。

1967年，剑桥大学的Matin Richards对CPL语言进行了简化，于是产生了BCPL语言。

1970年，美国贝尔实验室的Ken Thompson将BCPL进行了修改，并为它起了一个有趣的名字"B语言"，意思是将CPL语言煮干，提炼出它的精华，并且他用B语言写了第一个UNIX操作系统。

1973年，B语言也被人"煮"了一下，美国电话电报公司(AT&T)贝尔实验室开始了C语言的最初研发，丹尼斯·里奇(Dennis Ritchie)(参见图1-1-1)在B语言的基础上最终设计出了一种新的语言，他取了BCPL的第二个字母作为这种语言的名字，这就是

C 语言。据丹尼斯·里奇(Dennis Ritchie)说，C 语言最重要的研发时期是在 1972 年。

图 1-1-1　C 语言之父丹尼斯·里奇(Dennis Ritchie)

注：丹尼斯·里奇(Dennis Ritchie)，C 语言之父，UNIX 之父。1978 年与布莱恩·科尔尼干(Brian Kernighan)一起出版了名著《C 程序设计语言(The C Programming Language)》，现在此书已翻译成多种语言，成为 C 语言方面最权威的教材之一。2011 年 10 月 12 日(北京时间为 10 月 13 日)，丹尼斯·里奇去世，享年 70 岁。

C 语言的诞生是和 UNIX 操作系统的开发密不可分的，原先的 UNIX 操作系统都是用汇编语言写的，1973 年 UNIX 操作系统的核心用 C 语言改写，从此以后，C 语言成为编写操作系统的主要语言。

1.1.2　K&R　C

1978 年，丹尼斯·里奇(Dennis Ritchie)和布莱恩·科尔尼干(Brian Kernighan)出版了一本书，名叫《The C Programming Language》(中文译名为《C 程序设计语言》)。这本书被 C 语言开发者们称为"K&R"，很多年来被当作 C 语言的非正式的标准说明。人们称这个版本的 C 语言为"K&R C"。

1988 年丹尼斯·里奇(Dennis Ritchie)和布莱恩·科尔尼干(Brian Kernighan)修改此书，出版了《The C Programming Language》第二版，第二版涵盖了 ANSI C 语言标准。第二版从此成为大学计算机教育有关 C 语言的经典教材，多年后也没再出现过更好的版本。

1.1.3　ANSI C 和 ISO C

20 世纪 70 到 80 年代，C 语言被广泛应用，从大型主机到小型微机，也衍生了 C 语言的很多不同版本。为统一 C 语言版本，1983 年美国国家标准局成立了一个委员会，来制定 C 语言标准。1989 年 C 语言标准得到批准，被称为 ANSI X3.159—1989 "Programming Language C"。这个版本的 C 语言标准通常被称为 ANSI C。又由于这个版本是 1989 年发布的，因此也被称为 C89。后来 ANSI 把这个标准提交到 ISO(国际化标准组织)，1990 年被 ISO 采纳为国际标准，称为 ISO C。又因为这个版本是 1990 年发布的，因此也被称为 C90。

ANSI C(C89)与 ISO C(C90)内容基本相同，主要是格式组织不一样。因为 ANSI 与 ISO 的 C 标准内容基本相同，所以对于 C 标准，可以称为 ANSI C，也可以说是 ISO C，或者 ANSI/ISO C。

> ☞注意：以后大家看到 ANSI C、ISO C、C89、C90，要知道这些标准的内容都是一样的。目前，几乎所有的开发工具都支持 ANSI/ISO C 标准。这是 C 语言用得最广泛的一个标准版本。

1.1.4　C99

在 ANSI C 标准确立之后，C 语言的规范在很长一段时间内都没有大的变动。1995 年 C 程序设计语言工作组对 C 语言进行了一些修改，成为后来 1999 年发布的 ISO/IEC 9899:1999 标准，通常被称为 C99。但是各个公司对 C99 的支持所表现出来的兴趣不同。当 GCC 和其他一些商业编译器支持 C99 的大部分特性的时候，微软和 Borland 却似乎对此不感兴趣。

> ☞说明：GCC(GNU Compiler Collection，GNU 编译器集合)是一套由 GNU 工程开发的支持多种编程语言的编译器。

1.2　为什么要学习 C 语言

1.2.1　C 语言通用性强

C 语言语法简单精炼，灵活方便，效率高，可移植性好，包含了基本的编程元素，对初学者来说，学习成本小，时间短，能够快速掌握其编程技术。

C 语言是较早的一种编程语言，说它是现代编程语言的开山鼻祖毫不夸张，它改变了编程世界，后来推出的很多语言都参照了 C 语言。

C++和 Objective-C 以 C 语言为基础进行扩展，加入面向对象等高级特性。

PHP、Java、Python 的底层也都由 C 语言来实现(C 语言可以开发其他高级语言)。学会了 C 语言，再学习其他语言就会容易很多，达到"一通百通"的效果。C 语言比较接近计算机底层，能够直接操作硬件，执行效率高(比 C++、Java、Python 和 Ruby 都高)，而且学习 C 语言，对于理解计算机体系结构也有很大的帮助。

C 语言应用广泛，可以用来开发桌面软件、硬件驱动、操作系统、单片机等，从微波炉到手机，从汽车到智能电视，都有 C 语言的影子。

真正的编程高手，不是会很多门语言，而是用一门语言可以干所有的事情。C 语言被誉为"无所不能的语言"，你所能想到的关于编程的事情，C 语言几乎都能干。

1.2.2　C 语言使用排行榜

TIOBE 编程语言排行榜是根据互联网上有经验的程序员、课程和第三方厂商的数量，并使用搜索引擎(如 Google、Bing、Yahoo!、百度)以及 Wikipedia、Amazon、You-

Tube 统计出排名数据，TIOBE 排行榜反映某种编程语言的热门程度。TIOBE Programming Community 指数每月发布一次，列出了每月编程语言的受欢迎程度。

2014 年 10 月 TIOBE 编程语言排行榜 Top 20（如图 1-1-2 所示）和长期走势 Top 10（如图 1-1-3 所示）。从图中可以清楚地发现，C 语言一直排在所有计算机编程语言中的前两位，可见其受欢迎的程度。

2014 年 10 月	2013 年 10 月	变化	编程语言	使用率	两次变化
1	1		C	17.655%	+0.41%
2	2		Java	13.506	−2.60%
3	3		Objective-C	10.096%	+1.10%
4	4		C++	4.868%	−3.80%
5	6	∧	C#	4.748%	−0.97%
6	7	∧	Basic	3.507%	−1.31%
7	5	∨	PHP	2.942%	−3.15%
8	8		Python	2.333%	−0.77%
9	12	∧	Perl	2.116%	+0.51%
10	9	∨	Transact-SQL	2.102%	−0.52%
11	17	∧∧	Delphi/Object Pascal	1.812%	+1.11%
12	10	∨	JavaScript	1.771%	−0.27%
13	11	∨	Visual Basic. NET	1.751%	−0.18%
14	—	∧∧	Visual Basic	1.564%	+1.56%
15	21	∧∧	R	1.523%	+0.97%
16	13	∨	Ruby	1.128%	−0.12%
17	81	∧∧	Dart	1.119%	+1.03%
18	24	∧∧	F#	0.868%	+0.37%
19	—	∧∧	Swift	0.761%	+0.76%
20	14	∨∨	Pascal	0.726%	−0.03%

图 1-1-2   2014 年 10 月 TIOBE 编程语言排行榜 top20

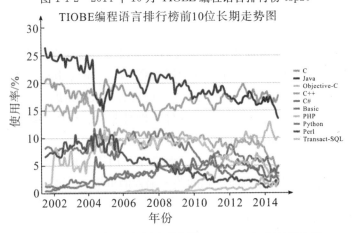

图 1-1-3   Top 10 编程语言排行榜 2002~2014 年长期走势

1.3 C 语言能够做什么

下面的表格展示了 C 语言到底能做什么，做了些什么。相信读者看到这张表格，一定会对 C 语言系列(含 C++)有一个全新的认识和理解。

表 1-1-1 当今主流软件产品家族及其开发语言

主流产品家族	C 语言类开发		其他语言开发 如 Java，C#，ASM 等	备注
	C	C++		
操作系统	Microsoft Windows	Microsoft Windows	Microsoft Windows 早期用 ASM 语言编写	曾经在智能手机的操作系统(Windows Mobile)考虑掺点 C#写的程序，比如软键盘，结果因为写出来的程序太慢，实在无法和别的模块合并，最终又回到C++重写
	Linux 操作系统			
	Apple Mac OS	Apple Mac OS 部分		之前用的语言比较杂，最早是汇编和 Pascal
	Sun Solaris			
	HP-UX			
	Google Chrome OS	Google Chrome OS		Google Chrome 是基于 Linux 和 Chrome 开发的
手机操作系统	Apple iPhone iPod Touch and iPad OS	Apple iPhone iPod Touch and iPad OS		
	Google Android		Google Android	Android 是基于 Linux，主要用 C 开发，小部分使用 C++
		黑莓 RIM BlackBerry OS 4.x		基于 BlackBerry OS 的应用开发使用 Java 语言
		Symbian OS	Symbian 早期使用 ASM 开发	该操作系统在 2013 年宣布退出市场
图形层 (Graphical Layers)		Microsoft Windows UI		
		Apple Mac OS UI(Aqua)		
	Gnome	KDE		Gnome 是一种支持多种平台的开发和桌面环境，可以运行在包括 GNU/Linux(通常叫做 Linux)，Solaris，HP-UX，BSD 和 Apple's Darwin 系统上的功能强大的图形接口工具 KDE(Kool Desktop Environment)，K 桌面环境，一种著名的运行于 Linux、Unix 以及 FreeBSD 等操作系统上面的自由图形工作环境，整个系统采用 Qt 程序库
桌面搜索 (Desktop Search)		Google Desktop Search		
		Microsoft Windows Desktop Search	Beagle 使用 C#开发	Beagle 是一个强大的桌面搜索工具

	Microsoft Office	Microsoft Office	早期使用 ASM 开发	后来改为 C，再后来修改为 C++开发
办公自动化系列产品		Apache OpenOffice	Apache OpenOffice 也被用 Java 开发	是一套开放源代码的办公软件，可以在多种操作系统上运行
		Corel Office/WordPerfect Office	1996 年尝试过 Java，次年被抛弃，重新回到 C/C++开发	
		Adobe Systems Acrobat Reader/Distiller		
		EverNote	早期用 C♯ 开发	EverNote(印象笔记)是一款优秀电子笔记资料管理软件，以超强的内容捕捉，实时搜索，标签分类，支持大数据库，图像内文字的识别和手写图形的识别而被用户所称道
关系数据库系统	Oracle Database	Oracle Database	早期使用过 ASM 以及 Java 开发	均为当下比较流行的数据库系统
		Mysql		
	IBM DB2	IBM DB2	早期使用过 ASM	
	Microsoft SQLServer	Microsoft SQLServer	早期使用过 ASM	
	IBM Informix	IBM Informix	早期使用过 ASM	
主要浏览器		Microsoft Internet Explorer		
		Mozilla Firefox		
	Netscape Navigator	Netscape Navigator	也使用过 Java 开发	
	Mosaic	Google Chrome		Google 浏览器，是一个由 Google(谷歌)公司开发的网页浏览器
邮件客户端		Microsoft Outlook		用它来收发电子邮件、管理联系人信息、记日记、安排日程、分配任务
		IBM Lotus Notes，用 Java 开发		是一个协作客户端－服务器平台的客户端
主要开发平台		Microsoft Visual Studio	Microsoft Visual Studio 的插件及 UI 使用 C♯ 开发	Microsoft Visual Studio(简称 VS)是美国微软公司的开发工具包系列产品。VS 是一个完整的开发工具集，它包括了整个软件生命周期中所需要的大部分工具
		Eclipse，使用 Java 开发		Eclipse 是一个开放源代码的、基于 Java 的可扩展开发平台
各种虚拟机		Java Virtual Machine(JVM)：Java 虚拟机 Microsoft .NET CLR：.NET 通用运行时		Java 虚拟机是运行所有 Java 程序的抽象计算机 公共语言运行时(CLR：Common Language Runtime)和 Java 虚拟机一样也是一个运行时环境，它负责资源管理(内存分配和垃圾收集)，并保证应用和底层操作系统之间必要的分离

各种 ERP	SAP ERP	SAP ERP	SAP ERP 是基于 ABAP 编程	SAP 全称：Systems Applications and Products in Data Processing 。SAP R/3 是一个基于客户/服务机结构和开放系统的、集成的企业资源计划系统
		Oracle Peoplesoft	Oracle Peoplesoft (Java)	协同合作企业软体全球领导供应商，整合应用方案包括人力资源管理（HRMS），客户关系管理（CRM），财务管理，企业绩效管理及入口网络解决方案
			Oracle E-Business Suite(Java)	Oracle 电子商务套件
商业智能		Business Objects		Business Objects 是全球领先的商务智能(BI)软件公司的产品套件，为报表、查询和分析、绩效管理以及数据集成提供了最完善、最可靠的平台
图像处理软件	The GIMP	Adobe Photoshop	The GIMP 部分使用了 Perl	Adobe Photoshop，简称 "PS"，是由 Adobe Systems 开发和发行的图像处理软件，GIMP Shop 是一款非常优秀的图片处理程序
搜索引擎		Google	早期使用了 ASM	
Web 网站		eBay（2002 年前）	eBay(2002 年后)	eBay(中文电子湾、易贝)是一个可让全球民众上网买卖物品的线上拍卖及购物网站
		PayPal		在美国加利福尼亚州圣荷西市的因特网服务商
		亚马逊(Amazon)	Amazon(Java)	是美国最大的一家网络电子商务公司
		facebook	facebook(PHP)	美国的一个社交网络服务网站
游戏	V	V	早期用 ASM，基于智能设备的游戏很大部分用 Java	
编译器	Perl	Microsoft Visual C++	javac (Sun Java compiler)	
	PHP	Microsoft Visual Basic		
		Microsoft Visual C#		
		GCC(GNU Compiler Collection)		GCC（GNU Compiler Collection，GNU 编译器套装）是一套由 GNU 工程开发的支持多种编程语言的编译器
3D 引擎	OpenGL	Microsoft DirectX		Direct eXtension(简称 DX)是由微软公司创建的多媒体编程接口，OpenGL(Open Graphics Library) 是专业的图形程序接口，定义了一个跨编程语言、跨平台的编程接口的规格，它用于三维图像(二维的亦可)

续表

		OGRE 3D	OGRE（Object-Oriented Graphics Rendering Engine，面向对象图形渲染引擎）是一个用 C++开发的面向场景、非常灵活的 3D 引擎
WebServer（网页服务）	Apache	Apache	Apache 最流行的跨平台的 Web 服务器端软件
		Microsoft IIS	Internet Information Services（IIS，互联网信息服务），是由微软公司提供的基于 Microsoft Windows 的互联网基本服务
邮件服务器	Microsoft Exchange Server	Microsoft Exchange Server	Apache James（Java）	Microsoft Exchange Server 是个消息与协作系统。Exchange Server 可以被用来构架应用于企业、学校的邮件系统或免费邮件系统，它还是一个协作平台
	Postfix	HMailServer		Postfix 是 Wietse Venema 在 IBM 的 GPL 协议之下开发的邮件传输代理软件
				HMailServer 是一个运行于微软 Windows 系统、基于 GPL 授权、免费的电子邮件系统
多媒体播放器		Nullsoft Winamp		用于播放各种音视频文件的播放器
		Microsoft Windows Media Player		
		Apple iPod software		
Peer to Peer（P2P 软件）		eMule μtorrent	Azureus(Java)	eMule 是一个开源免费的 P2P 文件共享软件，基于 eDonkey2000 的 eDonkey 网络，遵循 GNU 通用公共许可证协议发布，运行于 Windows 平台
				μTorrent 是一个小巧强劲，全功能，用 C++编写，支持 Windows、Mac OS X 和 GNU/Linux 平台的免费 BitTorrent 客户端
				Azureus-Java BitTorrent 客户端，它用 Java 语言实现了 BitTorrent 协议
全球定位系统(GPS)		TomTom		全球高端导航领导品牌 TomTom，致力发展全球定位系统（简称 GPS）及其他相关产品，为全球各地的用户提供更快速、安全、精准、便捷的导航服务
		Hertz NeverLost		赫兹(Hertz)是全球最大的汽车租赁公司，也是最为广泛使用的租车品牌。赫兹"永不迷路"（Hertz Never-Lost），车载卫星导航系统
		Garmin		台湾国际航电股份有限公司，致力发展全球定位系统(简称 GPS)与其他消费性产品，如车载 GPS 导航仪

第2章　C语言的编译环境

C语言常用的编译软件有 Microsoft Visual C++、Borland C++、Intel C++、GCC、Clang、Watcom C++、Lccwin32 C Compiler、Code Blocks、Microsoft C、High C、Turbo C 等，每一种编译器都提供对应的集成开发环境(IDE)。这些开发平台有些运行在 Windows 平台，有些运行在 Linux 平台，而有些二者均支持。

GCC(GNU Compiler Collection，GNU 编译器套装)是一套由 GNU 工程开发的支持多种编程语言的编译器。由自由软件基金会以 GPL 协议发布。GCC 是大多数类 Unix 操作系统(如 Linux、BSD、Mac OS X 等)的标准编译器，GCC 同样适用于微软的 Windows 平台。

Microsoft Visual C++(Visual C++、MSVC、VC++或 VC)是微软公司的 C++ 开发工具，是集成开发环境，可提供 C 语言、C++以及 C++/CLI 等编程语言的编辑、编译、调试等，目前 Visual C++6.0 版本最为成熟。

Microsoft Visual Studio(VS)是美国微软公司新推出的开发工具包系列产品集，目前最新版本为 Visual Studio .NET 2013。

本书所有的介绍内容均基于 Windows 平台，以 Visual C++6.0 和 Visual Studio .NET 2013 作为主要开发工具进行介绍。

2.1　Visual C++6.0 快速入门

Visual C++6.0 不仅是一个 C++编译器，而且是一个基于 Windows 操作系统的可视化集成开发环境，其组件包括编辑器、调试器以及程序向导 AppWizard、类向导 Class Wizard 等开发工具。

要在 Visual C++6.0 环境下进行开发，首先需要安装 Visual C++6.0。安装过程与其他常用工具软件类似，以向导的形式指导用户安装。在此不再详述，请读者自行下载安装，并反复演练，以便在今后的使用过程中能够熟练操作。

2.1.1　Visual C++6.0 集成开发环境

1. 开发环境

Visual C++6.0 的开发环境包括标题栏、菜单栏、工具栏、状态栏和工作区，如图 1-2-1 所示。

标题栏是 VC 6.0 的标题显示区，包括 VC 6.0 的 Logo、当前操作的工作区或工程的名称，以及最小化按钮、还原/最大化按钮和关闭按钮。

　　菜单栏由多个菜单组成，每个菜单又包含子菜单和多个菜单项。VC 6.0 就是通过开发人员调用这些菜单项，执行相应功能来实现可视化程序开发。

　　工具栏是具有相近功能的多个菜单项组成的命令栏，其中工具按钮与菜单栏中的菜单项功能是相同的。VC 6.0 中包含多个工具栏，如编辑工具栏、SQL 工具栏、文件工具栏等。工具栏上的工具按钮是菜单栏中主要功能菜单项的另外一种可视化展现。

　　状态栏是 VC 6.0 工作状态的显示区，用于显示消息和一些有用的信息，如当前正在操作的代码所在的位置、系统当前时间等。

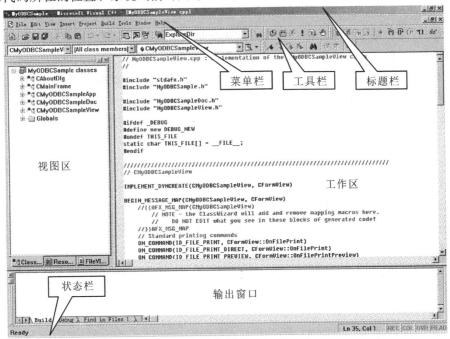

图 1-2-1　Visual C++6.0 的开发环境

　　工作区是用户操作的主要工作区域，包括视图区、输出区和编辑区。视图区用于显示相关类、文件和资源等信息。输出区则显示程序编译、链接和生成信息以及查找结果和 SQL 执行结果等操作输出信息。编辑区用于存放编辑器，编辑器用于进行源代码、资源的编辑。

　　概括而言，VC 6.0 的操作平台主要包括命令部分、查看部分和编辑部分。VC 6.0 使用命令部分触发命令，执行要完成的功能；使用查看部分浏览获取信息；使用编辑部分进行内容的编辑，如图 1-2-2 所示。

　　图 1-2-2 列出了 VC 6.0 操作平台的各个部分。因为 VC 6.0 是运行在 Windows 平台上，其各个组成部分也都可以看作为不同类型的对话框，用户操作时，直观高效，这也是 Visual(可视化)的含义。除了标题栏和状态栏外，其余部分的位置都是可以随意调整的，也称作可浮动对话框。

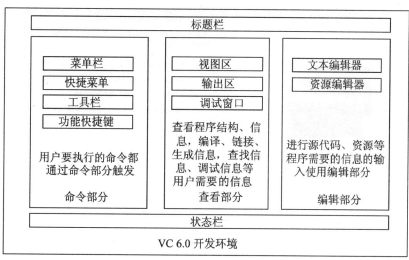

图 1-2-2　VC 6.0 操作平台组成

2. 项目创建

1) 新建项目

在集成开发环境的菜单栏中选择[File | New]命令或[Ctrl＋N]组合键，弹出 New 对话框。New 对话框共有 4 个选项卡，默认情况显示 Projects 选项卡，见图 1-2-3 所示。

选定"Win32 Console Application"，指定项目存放的位置以及项目名字，在这里项目保存路径为"D:\YASC\YASProjccts"，项目名字为"YASProjects"，同时选定单选框"Create new workspace"，点击"OK"。

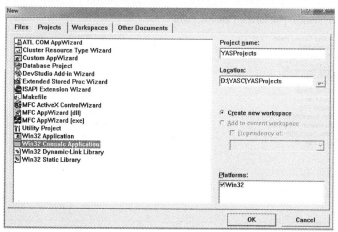

图 1-2-3　创建项目

紧接着选择"An empty project"，点击"Finish"完成项目创建，如图 1-2-4。

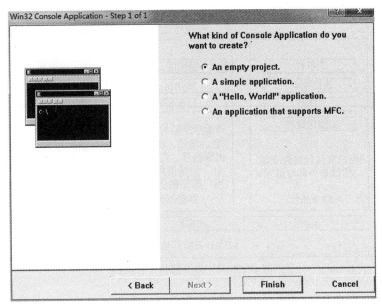

图 1-2-4　完成项目创建

2)添加源程序

　　项目创建后，建立和编辑 C++源文件时，在菜单栏中选择[File | New]命令或[Ctrl
+N]组合键，弹出 New 对话框，此时应选择 Files 选项卡，勾选 "Add to project" 选
项，然后指定文件的路径和名字，如 "D:\YASC\YASProjects\YAS1.c"，如图 1-2-5 所
示。

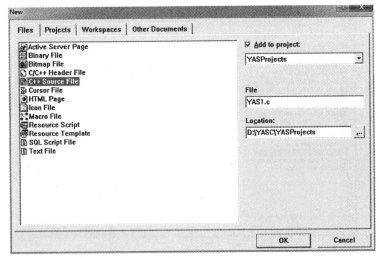

图 1-2-5　VC++6.0 New 对话框

　　单击 "OK" 按钮打开如图 1-2-6 所示的窗口，在该窗口右边工作区中便可录入、编
辑和修改 C 源程序代码。

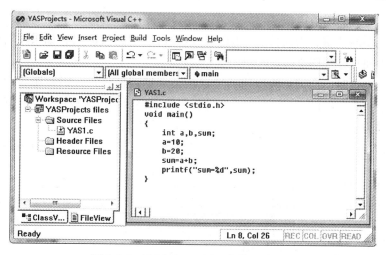

图 1-2-6　VC++6.0 源程序代码编辑区

　　录入完源程序代码后，执行[File | Save]命令或[Ctrl+S]组合键，完成程序文件的保存(即存入"D:\YASC\YASProjects\YAS1.c"文件中)，也可以执行[File | Save as]命令，弹出"另存为(Save as)"对话框，修改被保存文件路径和名字，单击"保存"。

　　3)程序编辑

　　如果源代码文件存在，需要修改，则执行[File | Open]命令或[Ctrl+O]组合键，完成程序的调入。

　　4)程序编译

　　完成源程序代码的录入，选择下面的方法之一完成代码的编译，见图 1-2-7 所示的菜单项。

图 1-2-7　编译及生成菜单

(1)执行 VC++6.0 主菜单[Builder | Compile YAS1.c]命令；

(2)单击工具栏上"编译微型条"工具的编译按钮；

(3)按[Ctrl+F7]组合键编译程序 YAS1.c。

编译过程中，如果有语法错误，则在主窗口下方的输出窗口中显示错误信息，错误信息将显示错误的性质、错误位置（如行数）以及可能的错误原因。如果没有错误，则会显示生成的中间目标代码文件（∗.OBJ）。

修改编译错误时，在编译输出窗口中双击某一错误信息行，则在源程序代码错误信息行出现提示箭头，见图1-2-8所示，然后根据错误提示修改源程序并再次重新编译直到改完所有错误为止。

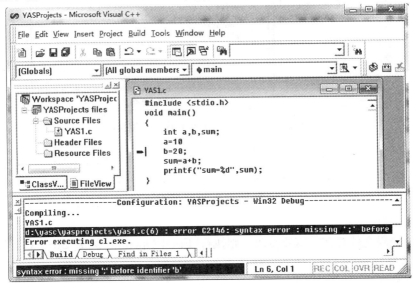

图 1-2-8　错误提示

5）程序连接

没有任何编译错误时，执行连接，见图1-2-7的菜单项，下面任意一种方法均可完成。

（1）执行 VC++6.0 主菜单［Builder | Build YASProjects. exe］命令；

（2）单击工具栏上的"编译微型条"工具 Build 按钮🔨；

（3）按［F7］组合键 build 程序"YASProjects. exe"；

对编译后的目标文件进行连接，如果连接过程有错误，用户需要修改程序，直到编译连接成功为止，生成对应的可执行程序。

6）程序执行

最后运行生成的可执行程序，见图1-2-7的菜单项，下面任意一种方法均可完成。

（1）执行 VC++6.0 主菜单［Builder | Execute YASProjects. exe］命令；

（2）单击工具栏上的"编译微型条"工具运行按钮❗；

（3）按［Ctrl+F5］组合键运行"YASProjects. exe"。

执行结果显示在另一个输出窗口中，如图1-2-9所示。

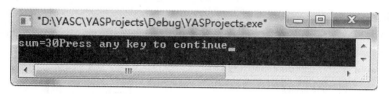

图 1-2-9　程序运行结果输出窗口

按任意键，关闭输出结果窗口，回到源程序编辑窗口。

2.1.2　程序调试

对于编程者来说，程序出错就和每天吃饭一样再正常不过了。对于任何一种集成开发工具，跟踪调试技巧都非常重要。在编译和连接中出现的错误比较容易查找和修改，因为有提示信息，而运行中的错误查找相对困难，下面就 Visual C++6.0 中的跟踪调试方法进行介绍。

跟踪调试指在程序运行过程中的调试，通过一行一行代码调试执行(单步调试)，分析和观察程序执行过程中数据(变量)和程序执行流程变化，查找可能出错的位置和原因。

通常有两种跟踪调试方法：

第一种是直接在程序代码中输出重要的数据(变量的内容)，使用 getch() 函数来暂停程序执行，观察和分析输出结果，判断和掌握程序的运行状况。例如：

```
01    # include "stdio. h"
02    # include "string. h"
03    void main()
04    {   int a,b;
05        scanf("%d%d",&a,&b);
06        printf("a=%d,b=%d",&a,&b);
07        getch();//暂停程序的执行,便于观察数据输出,判断程序运行情况
08        c=a+b;
09        printf("c=%d",c);
10        getch();//暂停程序的执行,便于观察数据输出,判断程序运行情况
11        …
12    }
```

第二种是利用 Visual C++6.0 集成环境中的断点设置、单步执行和变量查看器等进行跟踪。

1. 调试工具栏设置

当打开 VC++6.0 集成开发环境时，没有出现图 1-2-10 所示的[Build MiniBar]和[Debug]工具栏，则可以进行如下操作调出该工具条：选择菜单栏的 Tools 菜单项的子菜单 Customize 菜单项，并选择 Toolbars 选项卡，然后把 Debug 和 Builder MiniBar 打上勾，如图 1-2-11 所示。

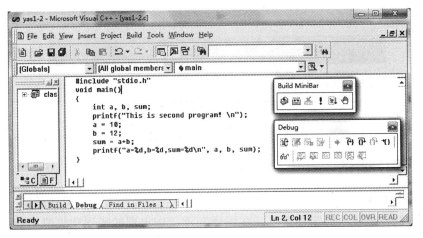

图 1-2-10　调试工具栏

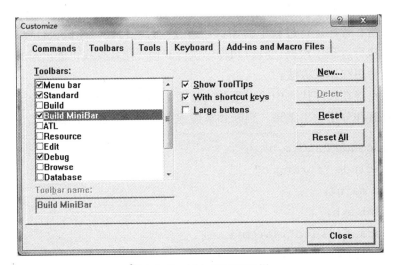

图 1-2-11　添加调试工具栏

2. 断点设置

跟踪调试的第一步就是设置断点。如何设置断点呢？当新建或打开一个现有 C 程序文件，并进入编辑状态后，先进行编译，如果编译通不过，则进行编译调试修改。在编译通过后，把光标放在程序的指定行如放在 main 函数的第三条语句上，按 F9 或者鼠标左键单击 工具栏中的"手型按钮"，设置后见图 1-2-12 所示。

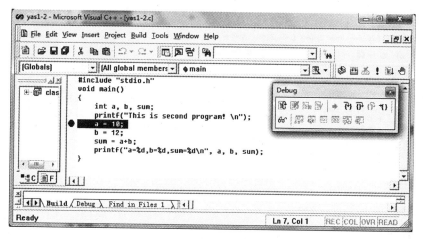

图 1-2-12　断点设置图

3. 调试运行

　　设置断点后就可以调试运行了。按 F5 或 ![] 就进入程序调试运行状态。如果按照上述操作，程序将运行并停在断点处，如图 1-2-13 所示。

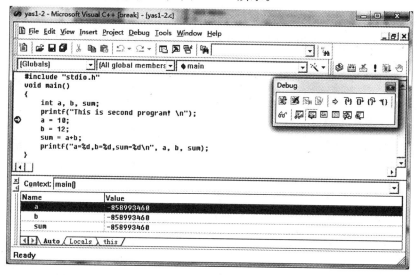

图 1-2-13　进入程序调试状态

4. 单步运行

　　点击 Debug 工具栏上的 ![] Step Into 按钮或点按 F11，将单步运行光标所在行语句，执行进入调试过程中所跟踪语句的下一条语句，同时在"Context 窗口"的 Auto 选项中将展示程序上下文环境中变量 a，b 和 sum 的值，以便查看程序运行状态和可能出错的位置，见图 1-2-14 所示。如此循环操作便可了解整个程序运行过程。

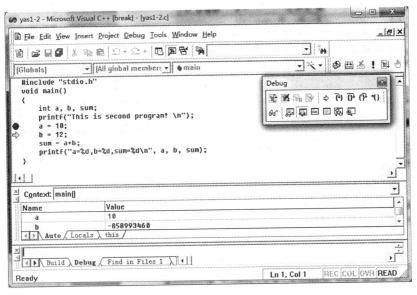

图 1-2-14　进入程序单步调试

5. 变量查看窗口

"Watch 窗口"是在调试状态下，用于查看变量值，以查找程序运行错误的可能位置，如果关注某个变量或数组的值，可以在"Watch 窗口"里直接输入该变量的名字，就可以查看该变量的值。其对应子窗口参见图 1-2-15 所示。

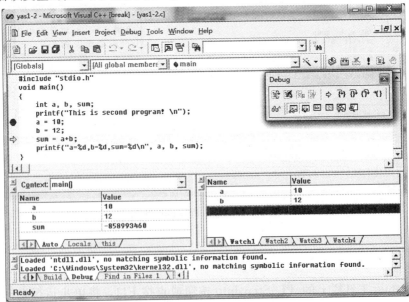

图 1-2-15　变量查看

"Watch 窗口"是在调试状态下才可以看到，如果没有显示出来，在调试状态下，鼠标右击工具栏，会出现如下菜单，点击第一个椭圆区域就可以了。

"Context 窗口"：该窗口用于显示上下文变量。如果调试状态下没有这个窗口，操作同 "Watch 窗口"，唯一的区别就是点击上图中的第二个椭圆区域。

6. 停止调试

停止调试的方法有很多，如点击 Stop Debugging 或点按[Shift＋F5]停止调试。

2.2　Visual Studio 2013 快速入门

Microsoft Visual Studio 是一个完整的开发工具集，包括整个软件生命周期中所需要的大部分工具，如 UML 工具、代码管控工具、集成开发环境(IDE)等。所编写的目标代码适用于微软支持的所有平台，包括 Microsoft Windows、Windows Mobile、Windows CE、.NET Framework、.NET Compact Framework、Microsoft Silverlight 及 Windows Phone。能够支持 C、C++、VB、C♯、JS 等语言，是一个功能强大的开发平台。目前最新版本为 Visual Studio .NET 2013。

2.2.1　Visual Studio 2013 的安装

(1)准备好安装文件，双击 setup.exe 可执行文件，应用程序会自动弹出如图 1-2-16 所示的 "Visual Studio Ultimate 2013" 程序安装界面。用户可以修改程序的安装路径，一般使用默认设置即可，本程序安装的默认路径为 "C:\Program Files\Microsoft Visual Studio 12.0"。

(2)选中 "我同意许可条款和隐私策略" 单选按钮后，单击 "下一步" 按钮，进入选择要安装的功能界面，如图 1-2-17 所示。

图 1-2-16　VS.NET 2013 安装界面

图 1-2-17　选择安装功能界面

（3）选择好要安装的功能后，单击"安装"按钮，系统开始安装，进入如图 1-2-18 所示的"VS.NET 2013 安装程序－安装页"界面，并显示正在安装的组件。

（4）安装完毕后，安装程序弹出如图 1-2-19 所示的"VS.NET 2013 安装程序－完成页"界面，这时需要重新启动系统，单击"立即重新启动"按钮，系统重启后 VS.NET 2013 将自动完成安装。至此，VS.NET 2013 开发环境安装完成。

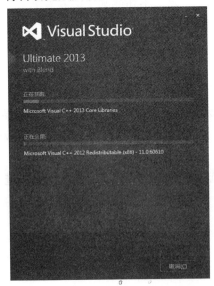

图 1-2-18　VS.NET 2013 安装过程

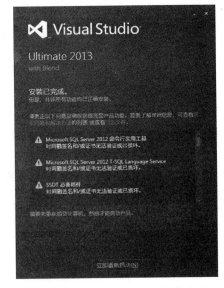

图 1-2-19　VS.NET 2013 安装完成

2.2.2　Visual Studio 2013 开发环境

1. Visual Studio 2013 启动

Visual Stduio .NET 2013 的启动，在不同版本的 Windows 平台下，其展示形式略微有点差别，在 Windos7 下通过开始菜单中"所有程序"，选择 Visual Studio 2013 菜单项来启动 VS .NET 2013，如图 1-2-20 所示。

图 1-2-20　Windos 7 下 VS .NET 2013 启动菜单

出现如图 1-2-21 的 VS .NET 2013 主窗口，表示 VS .NET 2013 应用程序已经成功打开。有关该集成平台的相关菜单项、功能项及其他使用等，请参见官方提供的帮助文档。

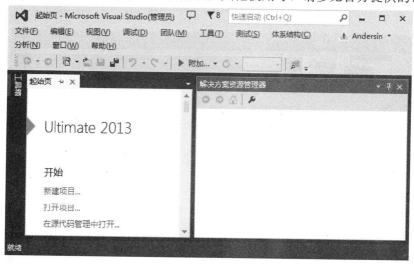

图 1-2-21　VS .NET 2013 主界面

2. 项目创建

1）新建项目

下面利用 VS .NET 2013 创建一个控制台应用程序，VS .NET 2013 不能单独编译一个.cpp 文件或者一个 .c 文件，只能通过项目来组织和管理源程序文件。项目的创建：选择菜单"文件"→"新建"→"项目"，进入新建项目向导，如图 1-2-22 所示。然后选择"模板"→"Visual C++"→"Win32 控制台应用程序"，输入项目名称并选择项目存放路径，在这里我们将项目名称取为 YASControlPro，项目存放项目路径为"D:\YASC\"。勾选"为解决方案创建目录"选项，最后点击确定。紧接着会出现

"Win32 应用程序向导－YASControlPro"界面，点击"下一步"，进入"Win32 应用程序向导－YASControlPro(应用程序设置)"界面，如图 1-2-23 所示，在该界面中选择空项目，取消"预编译头"选项，点击"完成"，至此一个空的项目创建成功，弹出如图 1-2-24 界面。

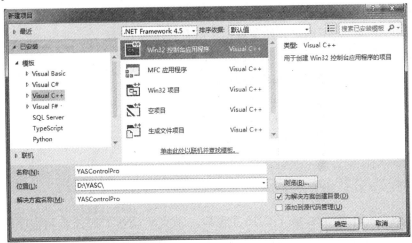

图 1-2-22   VS.NET 2013 新建项目

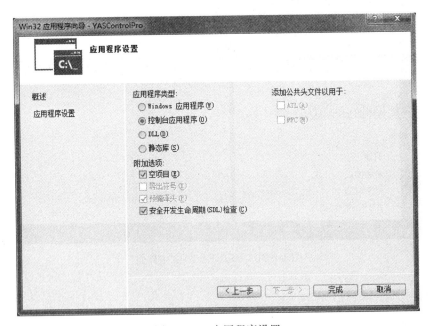

图 1-2-23   应用程序设置

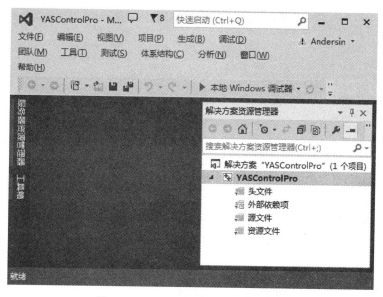

图 1-2-24　VS .NET 2013 新建空项目

2)添加源程序

当项目创建完成后，紧接着编写源程序代码。可以新建一个源程序代码文件，也可以添加一个已经存在的源程序文件，在这里新建一个源程序文件。

在"解决方案资源管理器"下，点击右键"源文件"→"添加"→"新建项"，如图 1-2-25 所示操作。

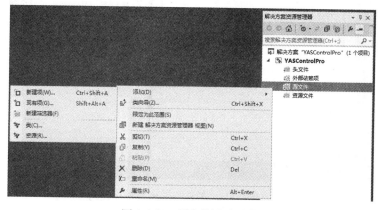

图 1-2-25　添加源程序文件

在弹出的"添加新项－YASControlPro"中，选择"Visual C＋＋"→"C＋＋文件（.cpp）"，修改名称为 Main .cpp，存放位置为默认，最后单击"添加"按钮，如图1-2-26 所示。

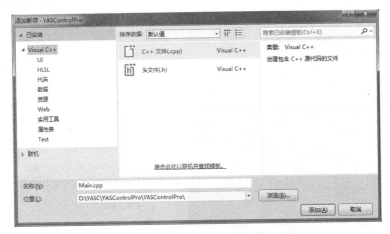

图 1-2-26　"VS.NET 2013 新建文件"界面

　　Main.cpp文件创建成功后，然后在编辑窗口中输入源程序代码，如图 1-2-27 所示，输入完代码后，单击█用以保存编写的源代码。

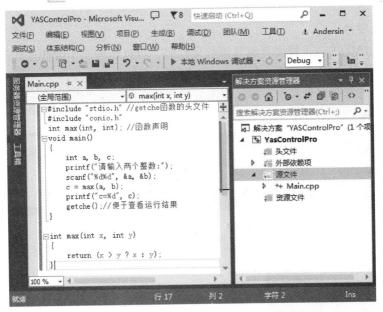

图 1-2-27　VS.NET 2013 编写程序代码

3）编译及生成可执行程序

　　编译程序或生成可执行程序，可以通过"生成"菜单（见图 1-2-28）中的"编译"选项或[Ctrl＋F7]进行编译。当然也可以不编译，直接点击"生成解决方案"或"生成YASControlPro"等菜单功能，完成应用程序或应用解决方案的编译、连接并生成可执行程序。成功生成应用程序的界面见图 1-2-29 所示。

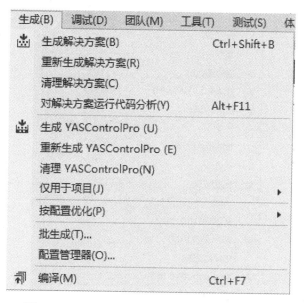

图 1-2-28　"VS.NET 2013 新建项目编译"界面

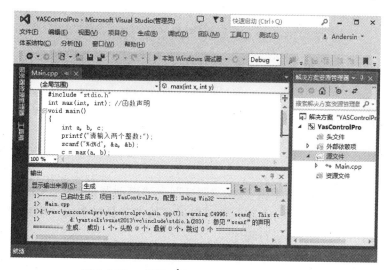

图 1-2-29　"VS.NET 2013 运行结果"界面

4）运行应用程序

点击工具栏上的 ▶ 本地 Windows 调试器 ，可以直接运行可执行程序。或者通过图 1-2-30 所示的界面中"启动调试"或"开始执行（不调试）"，完成程序的调试与运行。

如果选择"启动调试"命令，则在运行程序过程中会自动判断程序中是否有断点或其他标记，以便进行调试；如果选择"开始执行（不调试）"命令，则在运行程序过程中完全忽略断点或其他标记。

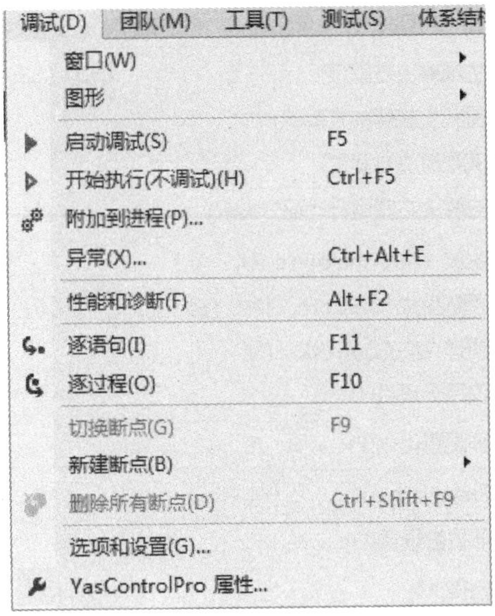

调试(D)	团队(M)	工具(T)	测试(S)	体系结构
窗口(W)				▶
图形				▶
▶ 启动调试(S)			F5	
▶ 开始执行(不调试)(H)			Ctrl+F5	
附加到进程(P)...				
异常(X)...			Ctrl+Alt+E	
性能和诊断(F)			Alt+F2	
逐语句(I)			F11	
逐过程(O)			F10	
切换断点(G)			F9	
新建断点(B)				▶
删除所有断点(D)			Ctrl+Shift+F9	
选项和设置(G)...				
YasControlPro 属性...				

图 1-2-30   "VS.NET 2013 运行结果"界面

程序运行结果为：

2.2.3   程序调试

1. 调试菜单

编写完程序后可以在菜单栏中选择"调试"→"启动调试"/"开始执行(不调试)"命令（如图 1-2-30 所示)来运行程序，也可以通过单击工具栏中的"本地 Windows 调试器"按钮（如图 1-2-31 所示)运行程序。

图 1-2-31   "本地 Windows 调试器"按钮

2. 断点设置

程序查错特别是运行错误，最重要的调试方法就是设置断点。如何设置断点呢？通常情况下，在出错程序代码行的前一条语句行的最左边位置单击鼠标左键，会出现一个红色的小圆点，标志断点设置成功，见图 1-2-32 所示，当不需要此断点时，单击红色小圆点即取消该断点。

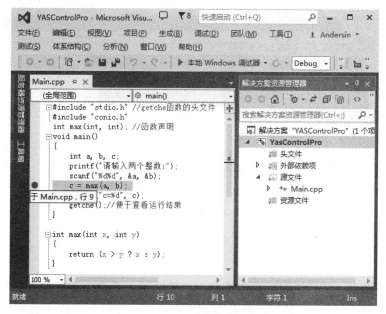

图 1-2-32　断点的设置与取消

3. 调试运行

设置断点后即可调试运行，按 F5 或点击 ▶ 本地 Windows 调试器 进入程序调试运行状态，程序将运行并停在断点所在程序行，等待用户详细观察程序当前运行状态及上下文环境变量值，以查找可能的程序运行错误，并等待用户进入下一步的单步调试阶段。

在本例中，用户从键盘上输入了 10 和 20 两个数后，程序暂停在断点处，输入数据的界面如下：

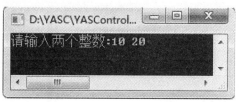

此时将鼠标放在任何程序行中的任何变量之上，即可实时显示变量当前值，以便调试者判断，比如将鼠标放在 b 之上，可以看见显示其值为 20，与用户输入的 20 正好相等），见图 1-2-33 所示。

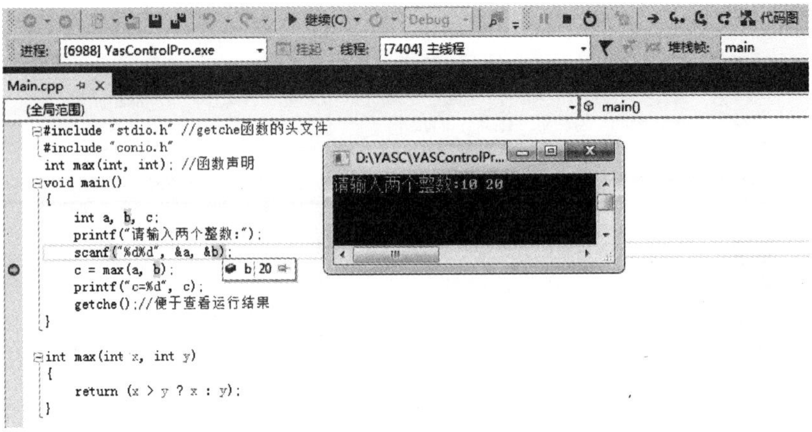

图 1-2-33　程序的调试运行

4. 单步运行

单步运行调试，是指根据用户的操作，一条语句一条语句逐步交互执行，可按 F10 或 F11。两者的区别在于：F10 是逐过程调试，即在程序运行过程中遇到函数调用，不会进入被调用函数的内部去执行，而是直接跳过；而 F11 则相反，是逐句调试，遇到任何函数调用都会进入被调函数内部逐句运行调试。例如在上图 1-2-33 中设置好断点，按 F10 后，不会进入到 max() 函数内部，而直接执行下一条 printf 语句，见图 1-2-34；按 F11 后，会转入执行 max() 函数内部语句，见图 1-2-35 所示。

图 1-2-34　F10 逐过程调试界面

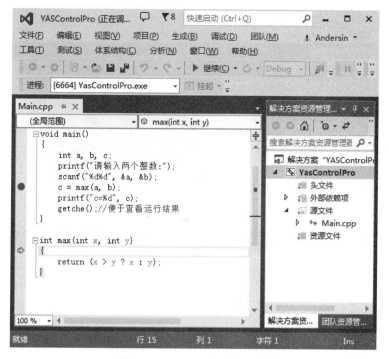

图 1-2-35　F11 逐句调试界面

5. 变量窗口查看

在上述单步调试的过程中，编程人员查看程序变量值的最简单方式就是直接将鼠标放在需要查看的变量上，即可实时显示变量当前值，也可以通过"自动窗口"、"局部变量"、"监视"等窗口来查看程序当前变量值，这些窗口，一定是在调试状态下，通过选择菜单"调试"→"窗口"来打开，见图 1-2-36。例如本例中，程序运行到 printf 语句之后，这时通过自动窗口可以查看到当前状态下所有程序变量值以及程序运行结果，见图 1-2-37 所示。

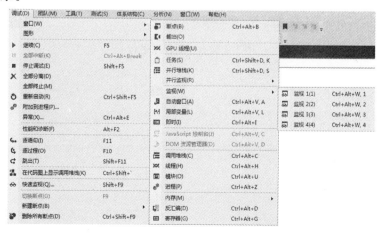

图 1-2-36　调试状态下的局部变量窗口

图 1-2-37　局部变量窗口详细信息查看

6. 停止调试

在程序调试过程中如何中断一个正在运行的程序呢？可以通过单击工具栏中红色的"停止调试"按钮来中断正在运行的程序；也可以在菜单栏中选择"调试"→"停止调试"命令中断程序的运行，如图 1-2-38 所示。

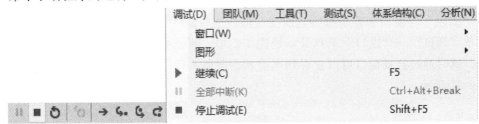

图 1-2-38　中断程序运行

第 3 章　C 语言的程序结构

C 语言程序到底是什么样的一个结构，如何开发一个最简单的 C 语言程序，代码书写如何规范等等，本章对这些问题作一个简单描述。

3.1　第一个 C 程序：Hello World

学习一门新语言的唯一途径就是使用它来编程。对于初学者来说，编写的第一个程序几乎都是相同的，即在屏幕上显示"Hello，world"，专业说法为打印"Hello，world"。

【例 1-1】打印"Hello，world"程序。

/＊第一个 C 语言程序，打印"Hello, world"＊/

```
01   #include⟨stdio.h⟩//包含头文件 stdio.h
02   void main()//主函数
03   {
04       printf("Hello,word! \n");//打印字符串
05   }
```

尽管这个程序很简单，但对初学者来说，它也体现了一个 C 程序的完整性。让这个程序真正运行起来，首先要编写代码，然后编译、链接并运行，最后查看运行结果。只有掌握了这些操作细节以后，才能看到最后的执行结果。

程序运行在 VS.NET 2013 下结果展示如下：

程序运行在 VC++6.0 下结果展示如下：

程序解释：

第 1 行包含标准库文件，include 称为文件包含命令，扩展名为 .h 的文件称为头文件。

第 2 行定义名为 main 的函数，它不接受参数值；main 函数的语句都被括在花括号中，任何一个 C 语言程序有且仅有一个 main 函数。

第 4 行打印"Hello，world"，main 函数调用库函数 printf 以显示字符序列。

第 5 行结束 main 函数，花括弧必须成对出现。

3.2 C 语言的程序结构

　　编写程序一定要注意程序的结构性。学习写程序，不能开始就写代码。许多人在动手写程序的时候感到无从下笔。原因主要是：看到一个题目不知道如何去分析，它怎么才能变成一个程序呢？这是初学者在编写程序的主要问题。我们要弄清楚一个程序由哪些部分组成，这就好比我们写一篇文章也有一些结构。C 程序的基本结构如下所示。

＃include " ∗.h"

main( )

{

　　　定义变量；int，float，char，double；

　　　输入数据；键盘输入 scanf( )；

　　　直接赋值；例如 x＝3；

　　　处理数据；if—else；switch；for；while；do—while；

　　　输出数据；printf( )；

}

　　其中处理数据部分对于初学者来说是最难的一部分，即把我们刚才分析的过程转换成语句。再看一个 C 源程序的基本架构及其书写格式如下例所示。

　　【例 1-2】编写程序，输入两个整数，输出其中的大数。

```
01  #include "stdio.h"
02  int max(int a,int b);  /* 函数声明* /
03  void main()  /* 主函数* /
04  {
05      int x,y,z;  /* 变量定义* /
06      printf("input two numbers:\n");
07      scanf("%d%d",&x,&y);  /* 输入 x,y 值* /
08      z= max(x,y);  /* 调用 max 函数* /
09      printf("max-mum=%d",z); /* 输出* /
10  }
11  int max(int a,int b)  /* 定义 max 函数* /
12  {
13      int maxint;
14      if(a>b)
15          maxint=a;
16      else
17          maxint=b;
18      return maxint;
19  }
```

C 源程序的结构特点:

(1)一个 C 语言程序由一个或多个源文件组成,每个源文件以".c"作为扩展名。

(2)每个源文件可由一个或多个函数组成。

(3)一个源程序不论由多少个文件组成,都必须有且仅有一个 main 函数,即主函数,整个程序的运行总是从主函数开始运行。

(4)源程序中可以有预处理命令(include 命令仅为其中的一种),预处理命令通常应放在源文件或源程序的最前面。

第4章 C语言的规范

当前软件产业迅猛的发展，软件逐渐走向大型化，一个软件成功的开发需要众多的人员参与。为了提高软件的质量和可维护性，提高软件产品的生产力，对软件产品源程序的编写风格和编写格式作出统一的约束和规定，这就称为软件编程规范。良好的编程习惯要从一开始培养，一旦养成坏习惯，要改就难了，特别是错误的思维习惯。

4.1 软件编程规范概述

对于编码风格的理解，仁者见仁智者见智，不同的公司有不同的规定，但对公司而言，统一的编码规范有益于项目的维护，对项目也会有不同的影响。目前软件编程规范的行业标准主要有其嵌入式行业标注准(MISRAC)和企业标注准(Micosoft、华为等)。一般包括如下通用原则：

1)编程规范概要

(1)程序结构清晰，简单易懂，单个函数的程序行数不得超过100行。

(2)打算干什么，要简单，直截了当，代码精简，避免垃圾程序。

(3)尽量使用标准库函数和公共函数。

(4)不要随意定义全局变量，尽量使用局部变量。

(5)使用括号以避免二义性。

2)可读性要求

(1)可读性第一，效率第二。

(2)保持注释与代码完全一致。

(3)每个源程序文件，都有文件头说明，说明规格需统一约定。

(4)每个函数，都有函数头说明，说明规格需统一约定。

(5)主要变量(结构、联合、类或对象)定义或引用时，注释能反映其含义。

(6)常量定义(define)要有相应说明。

(7)处理过程的每个阶段都要有相关注释说明。

(8)在典型算法前都要有注释。

(9)利用缩进来显示程序的逻辑结构，缩进量一致并以 Tab 键为单位，定义 Tab 为 6个字节。

(10)循环、分支层次不要超过五层。

(11)注释可以与语句在同一行，也可以在上一行。

(12)空行和空白字符也是一种特殊注释。

(13)一目了然的语句不加注释。

(14)注释的作用范围可以是：定义、引用、条件分支以及一段代码。

(15)注释行数(不包括程序头和函数头说明部份)应占总行数的 1/5 到 1/3。

4.2 C 代码排版

(1)程序块要采用缩进风格编写，缩进四个空格。说明：对于由开发工具自动生成的代码可以不一致。

(2)相对独立的程序块之间、变量说明之后必须加空行。

(3)较长的语句(>80 字符)要分成多行书写，长表达式要在低优先级操作符处划分新行，操作符放在新行之首，划分出的新行要进行适当的缩进，使排版整齐，语句可读。

如：report_or_not_flag=((taskno<MAX_ACT_TASK_NUMBER)

&&(n7stat_stat_item_valid(stat_item))

&&(act_task_table[taskno].result_data! =0));

(4)循环、判断等语句中若有较长的表达式或语句，则要进行适当的划分，长表达式要在低优先级操作符处划分新行，操作符放在新行之首。

(5)若函数或过程中的参数较长，则要进行适当的划分。

(6)不允许把多个短语句写在一行中，即一行只写一条语句。

如：rect. length=0; rect. width=0;

应如下书写

rect. length=0;

rect. width=0;

(7)if、while、for、default、do 等语句独自占一行。

如：

if(pUserCR==NULL)

{

    return；

}

(8)对齐只使用空格键，不使用 Tab 键。

(9)函数或过程的开始、结构的定义及循环、判断等语句中的代码都要采用缩进风格，case 语句下的情况处理语句也要遵从语句缩进要求。

(10)程序块的分界符(如 C/C++语言的大括号'｛'和'｝')应各独占一行并且位于同一列，同时与引用它们的语句左对齐。在函数体的开始、类的定义、结构的定义、枚举的定义以及 if、for、do、while、switch、case 语句中的程序都要采用如上的缩进方式。

(11)在两个以上的关键字、变量、常量进行对等操作时，它们之间的操作符之前、之后或者前后要加空格；进行非对等操作时，如果是关系密切的立即操作符(如->)，后不应加空格。

(12)程序结构清晰，简单易懂，单个函数的程序行数不得超过 100 行。

4.3　C代码注释

(1)一般情况下，源程序有效注释量必须在 20% 以上。

(2)说明性文件(如头文件 .h 文件、.inc 文件、.def 文件、编译说明文件 .cfg 等)头部应进行注释，注释必须列出：版权说明、版本号、生成日期、作者、内容、功能、与其他文件的关系、修改日志等，头文件的注释中还应有函数功能简要说明。

(3)源文件头部应进行注释，列出：版权说明、版本号、生成日期、作者、模块目的/功能、主要函数及其功能、修改日志等。

比如：

```
/***************************************************************
Copyright：//1988—1999，XXXXXXX Tech. Co.，Ltd.
File name：//文件名
Description：//用于详细说明程序主要功能，与其他模块或函数的接口，输出值、取值范围、含义及参数间的控制、顺序、独立或依赖等关系
Author：//作者
Version：//版本
Date：//完成日期
History：//修改历史记录列表，每条修改记录应包括修改日期、修改者及修改内容简述
***************************************************************/
```

(4)函数头部应进行注释，列出：函数的目的/功能、输入参数、输出参数、返回值、调用关系(函数、表)等。

比如：

```
/********************************************
Function：//函数名称
Description：//函数功能、性能等描述
Calls：//被本函数调用的函数清单
Called By：//调用本函数的函数清单
Table Accessed：//被访问的表(此项仅对于牵扯到数据库操作的程序)
Table Updated：//被修改的表(此项仅对于牵扯到数据库操作的程序)
Input：//输入参数说明，包括每个参数的作用、取值说明及参数间关系
Output：//对输出参数的说明
Return：//函数返回值的说明
Others：//其他说明
********************************************/
```

(5)边写代码边注释，修改代码同时修改相应的注释，以保证注释与代码的一致性。不再有用的注释要删除。

(6)注释的内容要清楚、明了，含义准确，防止注释二义性。

(7)避免在注释中使用缩写，特别是非常用缩写。

(8)注释应与其描述的代码相近，对代码的注释应放在其上方或右方(对单条语句的注释)相邻位置，不可放在下面，如放于上方则需与其上面的代码用空行隔开。

(9)对于所有有物理含义的变量、常量，如果其命名不是充分自注释的，在声明时都必须加以注释，说明其物理含义。变量、常量、宏的注释应放在其上方相邻位置或右方。

比如：#define MAX _ ACT _ TASK _ NUMBER 1000/ * active statistic task number * /

(10)数据结构声明(包括数组、结构、类、枚举等)，如果其命名不是充分自注释的，必须加以注释。对数据结构的注释应放在其上方相邻位置，不可放在下面；对结构中的每个域的注释放在此域的右方。

比如：

/ * sccp interface with sccp user primitive message name * /

enum SCCP _ USER _ PRIMITIVE

{

　　N _ UNITDATA _ IND，/ * sccp notify sccp user unit data come * /

　　N _ NOTICE _ IND，/ * sccp notify user the No. 7 network can not

　　　　　　　　transmission this message * /

　　N _ UNITDATA _ REQ，/ * sccp user's unit data transmission request * /

}；

(11)全局变量要有较详细的注释，包括对其功能、取值范围、哪些函数或过程存取它以及存取时注意事项等说明。

(12)注释与所描述内容进行同样的缩排。

(13)将注释与其上面的代码用空行隔开。

(14)对变量的定义和分支语句(条件分支、循环语句等)必须编写注释。

(15)对于 switch 语句下的 case 语句，如果因为特殊情况需要处理完一个 case 后进入下一个 case 处理，必须在该 case 语句处理完、下一个 case 语句前加上明确的注释。

4.4　C 代码编码规范

1. 标识符命名

(1)标识符的命名要清晰、明了，有明确含义，同时使用完整的单词或大家基本可以理解的缩写，避免使人产生误解。

(2)命名中若使用特殊约定或缩写，则要有注释说明。

(3)自己特有的命名风格，要自始至终保持一致，不可来回变化。

(4)对于变量命名，禁止取单个字符(如 i，j，k…)，建议除了要有具体含义外，还能表明其变量类型、数据类型等，但 i，j，k 作局部循环变量是允许的。

(5)命名规范必须与所使用的系统风格保持一致，并在同一项目中统一，比如采用 UNIX 的全小写加下划线的风格或大小写混排的方式，不要使用大小写与下划线混排的方式。

2. 可读性

(1)注意运算符的优先级，并用括号明确表达式的操作顺序，避免使用默认优先级。

(2)避免使用不易理解的数字，用有意义的标识符来替代。涉及物理状态或者含有物理意义的常量，不应直接使用数字，必须用有意义的枚举或宏来代替。

3. 变量

(1)去掉没必要的公共变量。

(2)仔细定义并明确公共变量的含义、作用、取值范围及公共变量间的关系。

(3)明确公共变量与操作此公共变量的函数或过程的关系，如访问、修改及创建等。

(4)当向公共变量传递数据时，要十分小心，防止赋予不合理的值或越界等现象发生。

(5)防止局部变量与公共变量同名。

(6)严禁使用未经初始化的变量作为右值。

4. 函数、过程

(1)对所调用函数的错误返回码要仔细、全面地处理。

(2)明确函数功能，精确(而不是近似)地实现函数设计。

(3)编写可重入函数时，应注意局部变量的使用(如编写 C/C++语言的可重入函数时，应使用 auto 即缺省态局部变量或寄存器变量)。

(4)编写可重入函数时，若使用全局变量，则应通过关中断、信号量(即 P、V 操作)等手段对其加以保护。

5. 可测性

(1)在同一项目组或产品组内，要有一套统一的为集成测试与系统联调准备的调测开关及相应打印函数，并且要有详细的说明。

(2)在同一项目组或产品组内，调测打印出的信息串的格式要有统一的形式。信息串中至少要有所在模块名(或源文件名)及行号。

(3)编程的同时要为单元测试选择恰当的测试点，并仔细构造测试代码、测试用例，同时给出明确的注释说明。测试代码部分应作为(模块中的)一个子模块，以方便测试代码在模块中的安装与拆卸(通过调测开关)。

(4)在进行集成测试/系统联调之前，要构造好测试环境、测试项目及测试用例，同时仔细分析并优化测试用例，以提高测试效率。

(5)使用断言来发现软件问题，提高代码可测性。

(6)用断言来检查程序正常运行时不应发生但在调测时有可能发生的非法情况。

(7)不能用断言来检查最终产品肯定会出现且必须处理的错误情况。

(8)对较复杂的断言加上明确的注释。

(9)用断言确认函数的参数。

(10)用断言保证没有定义的特性或功能不被使用。

(11)用断言对程序开发环境(OS/Compiler/Hardware)的假设进行检查。

(12)正式软件产品中应把断言及其他调测代码去掉(即把有关的调测开关关掉)。

(13)在软件系统中设置与取消有关测试手段,不能对软件实现的功能等产生影响。

(14)用调测开关来切换软件的 DEBUG 版和正式版,而不要同时存在正式版本和 DEBUG 版本的不同源文件,以减少维护的难度。

(15)软件的 DEBUG 版本和发行版本应该统一维护,不允许分家,并且要时刻注意保证两个版本在实现功能上的一致性。

6. 程序效率

(1)编程时要经常注意代码的效率。

(2)在保证软件系统的正确性、稳定性、可读性及可测性的前提下,提高代码效率。

(3)局部效率应为全局效率服务,不能因为提高局部效率而对全局效率造成影响。

(4)通过对系统数据结构的划分与组织的改进,以及对程序算法的优化来提高空间效率。

(5)循环体内工作量最小化。

7. 质量保证

(1)在软件设计过程中构筑软件质量,代码质量保证优先原则:正确性、稳定性、安全性、可测试性、可读性、全局效率和局部效率,个人表达式方式等。

(2)只引用属于自己的存贮空间。

(3)防止引用已经释放的内存空间。

(4)过程/函数中分配的内存,在过程/函数退出之前要释放。

(5)过程/函数中申请的(为打开文件而使用的)文件句柄,在过程/函数退出之前要关闭。

(6)防止内存操作越界。

(7)认真处理程序所能遇到的各种出错情况。

(8)系统运行之初,要初始化有关变量及运行环境,防止未经初始化的变量被引用。

(9)系统运行之初,要对加载到系统中的数据进行一致性检查。

(10)严禁随意更改其他模块或系统的有关设置和配置。

(11)不能随意改变与其他模块的接口。

(12)充分了解系统的接口之后,再使用系统提供的功能。

(13)要时刻注意易混淆的操作符。当编完程序后,应从头至尾检查一遍这些操作符,以防止拼写错误。

(14)有可能的话,if 语句尽量加上 else 分支,对没有 else 分支的语句要小心对待;

switch 语句必须有 default 分支。

(15)禁止 GOTO 语句。

(16)单元测试也是编程的一部分，提交联调测试的程序必须通过单元测试。

8. 代码编辑、编译、审查

(1)打开编译器的所有告警开关对程序进行编译。

(2)在产品软件(项目组)中，要统一编译开关选项。

(3)通过代码走读及审查方式对代码进行检查。

9. 代码测试、维护

(1)单元测试要求至少达到语句覆盖。

(2)单元测试开始要跟踪每一条语句，并观察数据流及变量的变化。

(3)清理、整理或优化后的代码要经过审查及测试。

(4)代码版本升级要经过严格测试。

(5)使用工具软件对代码版本进行维护。

(6)正式版本上软件的任何修改都应有详细的文档记录。

10. 宏

(1)用宏定义表达式时，要使用完备的括号。

比如：

#define RECTANGLE _ AREA(a，b) ((a) * (b))

(2)将宏所定义的多条表达式放在大括号中。

(3)使用宏时，不允许参数发生变化。

第二篇

绝知此事要躬行

实战 1　程序流程

　　本实战主要练习 C 语言的基本语法、变量使用、流程图创建等知识。在本实战中，我们将通过三个具体的实战案例，分别讲解 if…else…双项分支选择、switch 多项分支选择、for(while、do while)循环语句等基础知识点。每一个实战案例都会包含六个模块，分别是：项目功能需求、知识点分析、算法思想、系统流程图、项目实现、项目扩展。通过这六个部分的讲解，读者将会对每一个实战案例都有一个全面的掌握。在本实战的结尾部分，还包含一个实战拓展部分，在这里会列出其他一些经典的算法和程序，供读者自行学习。

1.1　输入三个实数，判断能否构成三角形

1.1.1　项目功能需求

　　任意输入 a，b，c 三个实数，将 a，b，c 三个数看做三条线段。判断该三条线段能否构成三角形。
　　问：a，b，c 能否构成三角形？

1.1.2　知识点分析

　　(1)熟悉变量的声明和使用。
　　(2)掌握函数定义、函数调用、函数声明等基本概念。
　　(3)掌握双分支选择结构的使用。

1.1.3　算法思想

1. 判断三条线能否构成三角形的必要条件是：任意两边之和都大于第三边

　　根据三角形判断条件，如果存在有两边之和小于或等于第三边的情况，那么这样的三边一定不能构成三角形。

2. 条件判断程序编写要点

　　(1)多项分支选择结构。
　　(2)运算符 ‖ 与 && 的使用。

3. 多项分支选择结构和运算符 ‖ 与 && 要点描述

　　注意关键字所代表的具体含义能够帮助编程，"任意两边之和都大于第三边"关键字

意味着应该使用"&&"，而"存在有两边之和小于或等于第三边"意味着应该使用"‖"。

（1）"&&"版本。

if((a+b)>c&&(b+c)>a&&(a+c)>b)能构成三角形

else 不能构成三角形

（2）"‖"版本。

if((a+b)<c‖(b+c)<a‖(a+c)<b)不能构成三角形

else 能构成三角形

两个版本说明：当 a，b，c 能够构成三角形的时候，两个版本执行速度是一样的。然而当 a，b，c 不能构成三角时，如果(a+b)<c，或(b+c)<a 时那么第二个版本执行速度更快。因为在顺序执行的时候，如果‖前面表达式为真，那么后面的表达式将不会执行。

1.1.4 系统流程图

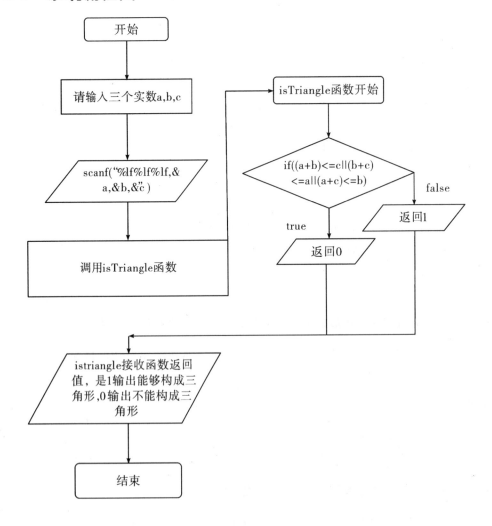

1.1.5　项目实现

```
01   #include"stdio.h"
02
03   int isTriangle(double a,double b,double c){
04       if((a+b)> c&&(b+c)> a&&(a+c)> b)
05           return 1;
06       else return 0;
07   }
08   void main(){
09       double a,b,c;
10       int istriangle=0;
11       printf("请输入三个大于 0 的实数:(以空格分开)\n");
12       scanf("%lf%lf%lf",&a,&b,&c);
13       istriangle= isTriangle(a,b,c);
14       if(istriangle)printf("能够成三角形\n");
15       else printf("不能构成三角形\n");
16   }
```

代码说明：isTriangle 函数判断接收的三个数能否构成三角形，返回 1 表示能构成三角形。0 表示不能构成三角形。变量 istriangle 接收 isTriangle 函数的返回值。

运行效果图：

1.1.6　项目扩展

(1)如果能够构成三角形，试求该三角形的面积？

(2)如果能够构成三角形，试判断该三角形是否为直角三角形？

(3)如果能够构成三角形，试判断该三角形是否为等腰三角形？

(4)如果能够构成三角形，试判断该三角形是否为等边三角形？

1.2　简单的四则计算器

1.2.1　项目功能需求

用程序实现一个简单的四则运算的功能，要求输入类似 a＋b 然后回车输出 a＋b＝c

的形式，a，b，c都是整数。

1.2.2　知识点分析

(1)熟悉变量的声明和使用。
(2)掌握多分枝选择结构的使用。

1.2.3　算法思想

1. 根据输入的操作符选择哪一条语句的执行

2. 多分枝选择结构编写要点

(1)switch-case语句的运用。
(2)注意break，default对switch-case语句的作用。

3. switch语句编写要点描述

编写switch语句时应该注意：选择分支意味着每次只会跳转到对应的语句进行执行，所以在每一个case选择之后应该加上break以结束此次选择分支算法。若不加break，将会继续执行后面的语句从而造成错误。

例如：

```
switch(运算符){
case '+':
    a+b;
    break;
case '-':
    a-b;
    break;
case '*':
    a*b;
    break;
default :
        非运算符;
        break;
}
```

1.2.4　系统流程图

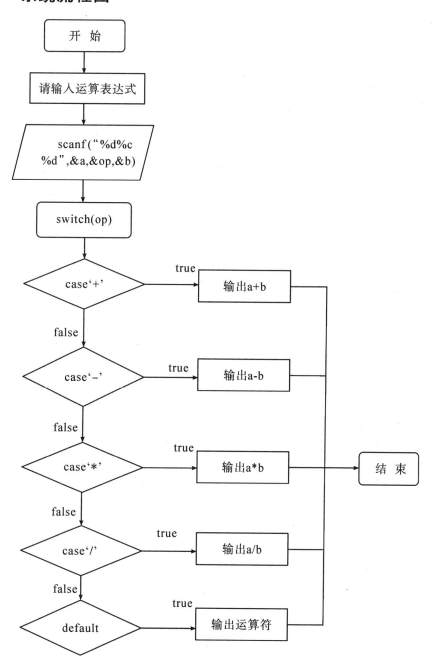

1.2.5　项目实现

```
01   #include"stdio.h"
02
03   void main()
04   {
05       int a,b;
06       char op,answer='y';
07
08       do
09       {
10         printf("--------简易计算器 V1.0---------\n");
11         printf("请输入两个操作数和运算符:");
12         scanf("%d%c%d",&a,&op,&b);
13
14         switch(op)
15         {
16           case'+':
17             printf("%d+%d=%d\n",a,b,a+b);
18             break;
19           case'-':
20             printf("%d-%d=%d\n",a,b,a-b);
21             break;
22           case'*':
23             printf("%d*%d=%d\n",a,b,a*b);
24             break;
25           case'/':
26             printf("%d/%d=%d\n",a,b,a/b);
27             break;
28           default:
29             printf("输入错误的运算符,请重新输入! \n");
30             break;
31         }
32
33         printf("是否还需要再次计算,如果需要,键入 y,否则 n:");
34         answer= getch();
35     }while(answer=='y');
36   }
```

代码解释说明：

该程序用 a，b 保存两个操作数，用字符 op 保存输入的运算符，然后通过 switch-case 选择执行哪一个运算输出结果。

运行效果图：

1.2.6　项目扩展

(1)如果需要该计算器提供求平方根功能，该如何实现？

(2)如果需要该计算器提供求倒数功能，该如何实现？

(3)如果需要该计算器提供求幂次方功能，如 $y = x^n(x = 1, 2, 3, \cdots, n)$ 该如何实现？

1.3　猴子吃桃问题（循环实现）

1.3.1　项目功能需求

有一只猴子第一天摘下了若干个桃子，当即吃掉了一半，觉得不过瘾又多吃了一个；第二天又将剩下的桃子吃掉一半，还不过瘾又多吃了一个；按照这个吃法，每天都吃掉前一天剩下的一半又多一个。到了第 10 天，就剩下一个桃子。

问：这只猴子第一天摘下了多少个桃子？

1.3.2　知识点分析

此次试验要达到如下目标：

(1)正向循环不行，不妨试试逆向。

(2)熟悉变量的声明和使用。

(3)掌握循环结构的使用。

(4)掌握循环结构的起始条件和结束条件。

1.3.3　算法思想

(1)为了让程序更加通用可以将主要算法部分作为一个函数来实现，intpeachcount()函数返回第一天所摘下的桃子个数。为了程序更加灵活，问题是第 10 天还剩下一个桃子，那如果问第 n 天还剩下一个桃子就需要重新修改程序，要实现这样的功能，只需要加上一个参数：intpeachcount(int n)。程序改变的只是循环的结束条件的部分。

(2)循环结构的编写要点：①循环内部公式。②开始和结束条件。

(3)解决猴子吃桃第 10 天吃得剩下一个的相应要点描述：①循环的内部公式：count＝(count＋1)＊2。②开始和结束条件：用 i 表示循环变量，for(i＝1；i<10；i＋＋)。

(4)解决猴子吃桃第 n 天吃得剩下一个的要点描述：

```
count=1;
for(i=1;i< n;i++)
{
    count=(count+1)*2;
}
```

1.3.4　系统流程图

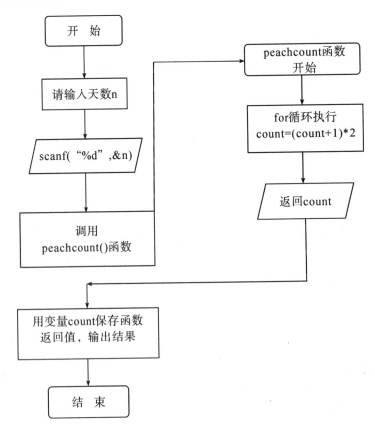

1.3.5 项目实现

```
01  #include"stdio.h"
02
03  int peachcount(int n){
04      int count=1;
05      int i;
06      for(i=1;i<n;i++){
07          count=(count+1)* 2;
08      }
09      return count;
10  }
11  void main(){
12      int n;
13      int count;
14      printf("--------猴子吃桃问题----------\n");
15      printf("请输入猴子在第几天过后吃得只剩下了一个桃子:");
16      scanf("%d",&n);
17      count=peachcount(n);
18      printf("猴子在第%d天过后吃得只剩下了一个桃子,",n);
19      printf("第一天所摘下的桃子数为%d个\n",count);
20  }
```

代码解释说明:main 函数中开始 n 保存输入的天数,然后 count 变量接收函数的返回值也就是第一天猴子所摘下的桃子数,最后打印输出结果。

运行效果图:

1.3.6 项目扩展

如果改变游戏的玩法:猴子第一天摘了 x 个桃子,当即吃掉了一些桃子,剩下 $\sqrt{x}$ 个桃子,还不过瘾,又多吃了一个,剩下 y 个;第二天又吃掉了一些,剩下 $\sqrt{y}$ 个桃子,又多吃一个;按照这样的吃法,到了第 10 天只剩下了一个桃子。

问:猴子第一天摘下了几个桃子?

1.4　拓展项目

（1）输入成绩，判断等级。

编写一个程序，根据用户输入的期末考试成绩，输出相应的成绩评定信息。成绩大于等于 90 分输出"优"；成绩大于等于 80 分小于 90 分输出"良"；成绩大于等于 60 分小于 80 分输出"中"；成绩小于 60 分输出"差"。

参考代码：

```
01    #include〈stdio.h〉
02    void main()
03    {
04        float grade;
05        printf("\n 请输入期末考试成绩:");
06        scanf("%f",&grade);
07        if(grade>=90)
08          printf("\n 优");
09        else if((grade>=80)&&(grade<90))
10          printf("\n 良");
11        else if((grade>= 60)&&(grade<80))
12          printf("\n 中");
13        else
14          printf("\n 差");
15        printf("\n");
16    }
```

（2）字符类别判断。

要求判别键盘输入字符的类别。可以根据输入字符的 ASCII 码来判别类型。由 ASCII 码表可知 ASCII 码值小于 32 的为控制字符。0－9 为数字，A－Z 为大写字母，a－z为小写字母，其余则为其他字符。

参考代码：

```
01    void main()
02    {
03        char c;
04        printf("\n 请输入一个字符:");
05        c=getchar();
06        if(c<32)
07          printf("\n 该字符是一个控制字符。\n");
08        else if(c>='0'&&c<='9')
```

```
09          printf("\n 该字符是一个数字。\n");
10        else if(c>='A'&&c<='Z')
11          printf("\n 该字符是一个大写字母。\n");
12        else if(c>='a'&&c<='z')
13          printf("\n 该字符是一个小写字母。\n");
14        else
15          printf("\n 该字符是其他字符。\n");
16    }
```

（3）判断用户输入的年份是否为闰年。

提示：闰年的判定规则为：能被 4 整除但不能被 100 整除的年份，或能被 400 整除的年份。

参考代码：

```
01    #include<stdio.h>
02    void main()
03    {
04      int year;
05      printf("\n 请输入年份:");
06      scanf("%d",&year);
07      if((year%4==0&&year%100!=0) || (year%400==0))
08        printf("\n%d 年是闰年\n",year);
09      else
10        printf("\n%d 年不是闰年\n",year);
11    }
```

（4）猜数游戏。

要求猜一个介于 1—10 的数字，根据用户猜测的数与标准值进行对比，并给出提示，以便下次猜测能接近标准值，直到猜中为止。

参考代码：

```
01      int number=5,guess;
02      printf("猜一个介于 1 与 10 之间的数\n");
03      do
04      {
05          printf("请输入您猜测的数:");
06          scanf("%d",&guess);
07          if(guess>number)
08            printf("太大\n");
09          else if(guess<number)
10            printf("太小\n");
```

```
11      }while(guess!=number);
12      printf("您猜中了! 答案为%d\n",number);
```

(5)求素数。

打印输出 100—200 的全部素数。

分析：素数是指只能被 1 和它本身整除的数。算法比较简单，先将这个数被 2 除，如果能整除，且该数又不等于 2，则该数不是素数。如果该数不能被 2 整除，再看是否能被 3 整除。如果被 3 整除，并且该数不等于 3，则该数不是素数，否则再判断是否被 4 整除，依此类推，该数只要是能被小于本身的某个数整除时，就不是素数。

参考代码：

```
01   void main()
02   {
03       int i,j,n;
04       n=0;
05       for(i=100;i<=200;i++)
06       {
07           j=2;
08           while(i%j!=0)
09               j++;
10           if(i==j)
11           {
12             printf("%4d",i);
13             n++;
14             if(n%8==0)
15                 printf("\n");
16           }
17       }
18       printf("\n");
19   }
```

(6)回文数问题。

输入一个 5 位数，判断它是不是回文数。

例如：12321 是回文数，个位与万位相同，十位与千位相同。

参考代码：

```
01   #include<stdio.h>
02   void main()
03   {
04       long ge,shi,qian,wan,x;
05       printf("\n 请输入一个五位整数:");
```

```
06        scanf("%ld",&x);
07        wan=x/10000;                //分解出万位数
08        qian=x%10000/1000;          //分解出千位数
09        shi=x%100/10;               //分解出十位数
10        ge=x%10;                    //分解出个位数
11        if(ge==wan&&shi==qian)/* 个位等于万位并且十位等于千位* /
12          printf("\n 这个数是回文数\n");
13        else
14          printf("\n 这个数不是回文数\n");
15    }
```

(7)有数字 1，2，3，4，能组成多少个互不相同且无重复数字的三位数？都是多少？

(8)一个正整数，它加上 100 后是一个完全平方数，再加上 168 又是一个完全平方数，请问该数是多少？

(9)输出 9 * 9 乘法表。

实战 2 递归及应用

想必大家对图 2-2-1 有所了解，这张图非常有意思，不错，它就是德罗斯特效应（Droste effect）的一个典型例子。德罗斯特效应是指一张图片的某个部分与整张图片相同，如此产生无限循环。这种照片是通过数学软件制作出来的，充分展现了递归的思想。

图 2-2-1 德罗斯特效应图

递归的核心就是将一个大型复杂的问题层层转化为一个与原问题相似的规模较小的问题来求解，因此只需少量的程序代码就可描述出解题过程所需要的多次重复计算，使得程序更为简洁和清晰。

2.1 递归思想

2.1.1 问题由来

1. 故事 1

一位法国数学家曾编写过一个印度的古老传说：在世界中心贝拿勒斯（在印度北部）的圣庙里，一块黄铜板上插着三根宝石针。印度教的主神梵天在创造世界的时候，在其中一根针上从下到上地穿好了由大到小的 64 片金片，这就是所谓的汉诺塔。不论白天黑夜，总有一个僧侣在按照下面的法则移动这些金片：一次只移动一片，不管在哪根针上，小片必须在大片上面。僧侣们预言，当所有的金片都从梵天穿好的那根针上移到另外一根针上时，世界就将在一声霹雳中消灭，而梵塔、庙宇和众生也都将同归于尽。

不管这个传说的可信度有多大，如果考虑一下把 64 片金片，由一根针上移到另一根针上，并且始终保持上小下大的顺序。这需要多少次移动呢？

假设有 n 片，移动次数是 f(n)，显然：f(1)＝1，f(2)＝3，f(3)＝7，且 f(k+1)＝2 ＊ f(k)＋1。不难证明 f(n)＝2^n－1。当 n＝64 时，f(64)＝2^{64}－1＝18446744073709551615。

假如每秒钟移动一次，共需多长时间呢？一个平年 365 天(31536000 秒)，闰年 366 天有 31622400 秒，平均每年 31556952 秒，18446744073709551615/31556952＝584554049253.855 年＝5845 亿年。

这表明移完这些金片需要 5845 亿年以上，而地球存在至今不过 45 亿年，太阳系的预期寿命据说也就是数百亿年。真的过了 5845 亿年，不要说太阳系和银河系，至少地球上的一切生命，连同梵塔、庙宇等，都早已经灰飞烟灭。

2. 故事 2

舍罕王打算奖赏国际象棋的发明人——宰相西萨·班·达依尔。国王问他想要什么，他对国王说："陛下，请您在这张棋盘的第 1 个小格里赏给我一粒麦子，在第 2 个小格里给 2 粒，第 3 个小格给 4 粒，以后每一小格都比前一小格加一倍。请您把这样摆满棋盘上所有 64 格的麦粒，都赏给您的仆人吧！"国王觉得这个要求太容易满足了，就命令给他这些麦粒。当人们把一袋一袋的麦子搬来开始计数时，国王才发现：就是把全印度甚至全世界的麦粒全拿来，也满足不了那位宰相的要求。

那么，宰相要求得到的麦粒到底有多少呢？

通过公式计算：1＋2＋2^2＋…＋2^{64-1}，显然比移完汉诺塔的次数还要多，人们估计，全世界两千年也难以生产这么多的麦子。

2.1.2　递归思想

递归思想是计算机程序设计思想中的一个重要组成部分。在 C 语言中需要掌握如下核心问题：

(1)理解递归的思想；

(2)掌握如何根据实际问题建立递归概念；

(3)掌握递归算法的程序实现。

递归(recursion)是一个过程或函数在其定义或说明中直接或间接调用自身的一种方法。

递归算法设计，就是把一个大型复杂的问题层层转化为一个与原问题相似的规模较小的问题，再逐步求解小问题后，最后返回(回溯)得到大问题的解。递归算法设计的关键在于找出递归关系(方程)和递归终止(边界)条件。递归关系就是使问题向边界条件转化的规则。递归关系必须能使问题越来越简单，规模越来越小。递归边界条件就是所描述问题最简单的、可解的情况，它本身不再使用递归的定义。

用递归算法解题，通常有 3 个步骤：

(1)分析问题、寻找递归关系：找出大规模问题与小规模问题的关系，这样通过递归使问题的规模逐渐变小。

（2）设置边界、控制递归：找出停止条件，即算法可解的最小规模问题。

（3）设计函数、确定参数：和其他算法模块一样设计函数体中的操作及相关参数。

2.1.3　简单递归问题求解

1. n! 阶乘问题

根据阶乘 n! 的定义，n! ＝n＊(n－1)＊(n－2)＊…＊2＊1，其递推表达式如下：

$$fac(n) = n! = \begin{cases} 1 & n=0 \\ n * fac(n-1) & n \geq 1 \end{cases}$$

根据上述递推表达式形式，我们可以使用递归过程来求解，代码如下：

```
01   int fac(int n)
02   {
03     if(n==0)
04       return 1;     //判断递归结束条件
05
06     if(n>=1)
07       return n*fac(n-1);       //处理递归并返回结果
08
09   }
```

显然，递归程序的最大优点是程序简明、结构紧凑。这种直接从问题定义出发编程的方法最便于人们阅读和理解。但问题是，递归过程中的状态变化比较难掌握，效率也比较低。以 fac(3) 为例，它的执行流程如图 2-2-2 所示。

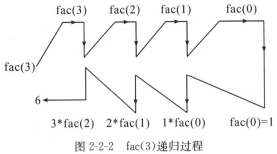

图 2-2-2　fac(3)递归过程

程序中 fac(0)＝1 称为递归结束条件。从 fac(3)→fac(2)→fac(1)→fac(0)称为递归过程；接下来的 fac(0)→fac(1)→fac(2)→fac(3)是一个回代过程(fac(0)＝1 回代给 fac(1)，fac(1)值回代给 fac(2)，…，直至求出 fac(3)＝6)。

2. 斐波那契数列

斐波那契数列，又称黄金分割数列，指的是这样一个数列：1，1，2，3，5，8，13，21，…。在数学上，斐波纳契数列以递归的方法定义：$F_0 = 0$，$F_1 = 1$，$Fn = F(n-1) + F(n-2)(n \geq 2)$，在现代物理、准晶体结构、化学等领域，斐波纳契数列都有直接的应用。

计算斐波那契数列的函数 fib 的递推表达式：

$$fib(n) = \begin{cases} n & n=0, 1 \\ fib(n-1)+fib(n-2) & n>1 \end{cases}$$

根据上述递推表达式形式，可写出如下递归过程(fib(n))：

```
01   int fib(int n)
02   {
03      if(n<=1)
04         return n;              //递归结束条件
05      if(n>1)
06         return fib(n-1)+fib(n-2);        //递归步骤
07   }
```

总结(💡)：

从上述两个例子可以得到如下启示：

1)用递归过程求解递归定义的函数，递归过程可直接按照递推表达式的结构来编写。因此如何归纳和总结出递归问题的递推表达式，将是求解该问题的关键。

2)对于一个较复杂的问题，若能够分解成几个相对简单且解法相同或类似的子问题，只要解决了这些子问题，则原问题迎刃而解，这就是递归求解。

3)当分解后的子问题可以直接解决时，就停止分解，这些可直接求解的子问题称为递归边界(结束条件)。若递归函数无法到达结束条件，则程序会因栈溢出而失败退出。例如，阶乘的递归边界是 fac(0)=1；斐波那契数列的递归边界是 fib(0)=0, fib(1)=1。

2.2 猴子吃桃问题

2.2.1 项目功能需求

有一只猴子第一天摘下了若干个桃子，当即吃掉了一半，觉得不过瘾又多吃了一个；第二天又将剩下的桃子吃掉一半，还不过瘾又多吃了一个；按照这个吃法，每天都吃掉前一天剩下的一半又多一个。到了第 10 天，就剩下一个桃子。

问：这只猴子第一天摘下了多少个桃子？(使用递归思想编程实现)

2.2.2 知识点分析

通过本实验可达到如下目标：

(1)熟悉递归思想及求解简单递归问题的算法步骤。

(2)掌握递归函数定义、递归函数调用、递归函数声明等基本概念。

(3)掌握函数的嵌套调用与递归调用。

2.2.3　算法思想

简单递归问题的求解，可以归纳为如下几个步骤。

(1)第一步，目标：寻找递推公式。

假定 F(n)代表第 n 天后剩下的桃子。F(0)显然代表总的桃子数，就是我们需要求解的结果，递推公式寻求过程如下：

```
总共有 F(0)
第 1 天剩下:F(1)=F(0)/2-1;  => F(0)=(F(1)+1)*2
第 2 天剩下:F(2)=F(1)/2-1;  => F(1)=(F(2)+1)*2
第 3 天剩下:F(3)=F(2)/2-1;  => F(2)=(F(3)+1)*2
...
第 9 天剩下:F(9)=F(8)/2-1;  => F(8)=(F(9)+1)*2
第 10 天:   F(10)=F(9)/2-1;  => F(9)=(F(10)+1)*2
(第 10 天,吃了第 9 天剩下的一半,又多吃了一个,最后只有一个即 F(10)=1)。
        F(n)=(F(n+1)+1)*2        n<=9;
        F(n)=1                   n=10;
```

$$F(n)=\begin{cases}2*(F(n+1)+1) & n>=0 \text{ 并且 } n<=9 \\ 1 & n=10\end{cases}$$

(2)第二步，根据递推公式，写递归代码。

```
01 //调用形式 MonkeyEatPeach(0),参数 0 表示第 0 天剩余的桃子数
02   int MonkeyEatPeach(int n)   //n 代表第 n 天
03   {
04     int sum;
05     if(n==10)   //表示递归的结束条件
06         sum=1;
07     else
08         sum=2*(MonkeyEatPeach(n+1)+1);   //递归调用
09     return sum;
10   }
```

为了进一步使递归函数具有可扩展性，可以增加一个参数 k，即结束条件。表示第 k 天，只剩下一个桃子了。递归函数编写如下：

```
01   //调用形式 MonkeyEatPeach(0,10),参数 0 表示第 0 天剩余的桃子数,10 表示
     第 10 天只剩下一个桃子
02   int MonkeyEatPeach(int n,int k)   //n 代表第 n 天剩余的桃子数,即要求
     解的问题,k 表示第 k 天只剩下一个桃子
03   {
04     int sum;
05     if(n==k)   //表示递归的结束条件
06       sum=1;
07     else
08       sum=(MonkeyEatPeach(n+1,k)+1) * 2;   //递归调用
09     return sum;
10   }
```

（3）第三步，编写主函数，调用该递归函数。

```
01   main()
02   {
03     ……
04     printf("请输入猴子吃桃子的天数,默认为 10\n 请输入 k= ");
05     scanf("%d",&k);
06     sum=MonkeyEatPeach(0,k);   //调用递归函数,具有可扩展性
07     //或 sum=MonkeyEatPeach(0),比较第一种函数定义的调用形式
08     ……
09   }
```

2.2.4 系统流程图

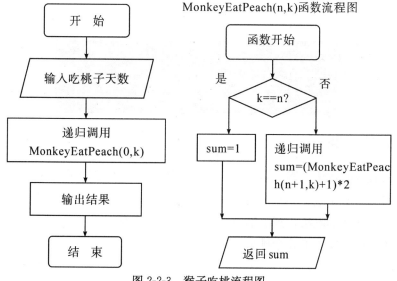

图 2-2-3 猴子吃桃流程图

2.2.5　项目实现

```
01  #include<cohio.h> ;
02  #include<stdio.h>
03  //n 代表第 n 天,k 表示第 k 天只剩下一个桃子
04  int MonkeyEatPeach(int n,int k)
05  {
06    int sum;
07    if(n==k)    //表示递归的结束条件
08      sum=1;
09    else
10      sum=2*(MonkeyEatPeach(n+1,k)+1);   //递归调用
11    return sum;
12  }
13  void main()
14  {
15    int k=10,sum=0;
16    printf("请输入猴子吃桃子的天数,默认为 10\n 请输入 k=");
17    fflush(stdin);   //清除键盘缓冲区
18    scanf("%d",&k);
19    sum=MonkeyEatPeach(1,k);   //对应第二种函数定义形式,具有扩展性
20    //或 sum=MonkeyEatPeach(1);对应第一种函数定义,不具有可扩展性
21    printf("猴子第一天摘桃子为=%d",sum);
22    getche();   //程序暂停,便于观察运行结果
23  }
```

运行效果图:

2.2.6　项目扩展

如果改变游戏的玩法:猴子第一天摘了 x 个桃子,当即吃掉了一些桃子,剩下 $\sqrt{x}$ 个桃子,还不过瘾,又多吃了一个,剩下 y 个;第二天又吃掉了一些,剩下 $\sqrt{y}$ 个桃子,又多吃一个;按照这样的吃法,到了第 10 天只剩下了一个桃子。

问:猴子第一天摘下了几个桃子?

2.3 汉诺塔问题

2.3.1 项目功能需求

　　古代有一个梵塔，塔内有 A，B，C 共 3 个座，座 A 上有 64 个大小不等的盘子，大的在下，小的在上(如下图)。有一个和尚想把这 64 个盘子从座 A 全部移到座 C，在移动过程中可以借用座 A，座 B 或座 C，但每次只允许移动一个盘子，并且不允许大盘放在小盘的上面。

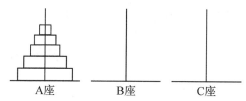

　　A座　　　　　　B座　　　　　　C座

　　问：(1)每一步应该如何移动?
　　　　(2)总共需要移动多少步?

2.3.2 知识点分析

　　通过本实验可达到如下目标：
　　(1)熟悉递归思想及求解简单递归问题的算法步骤。
　　(2)掌握汉诺塔问题的递归求解算法。
　　(3)掌握递归函数定义、递归函数调用、递归函数声明等基本概念。
　　(4)掌握函数的嵌套调用与递归调用。

2.3.3 算法思想

1. 以 3 个盘子为例说明详细移动过程

　　(1)将座 A 上的 2 个盘子移动到座 B 上。
　　(2)将座 A 上的 1 个盘子移动到座 C 上。
　　(3)将座 B 上的 2 个盘子移动到座 C 上。
　　上面第 (1)步可用递归方法分解为：
　　(1)将座 A 上的 1 个盘子从座 A 移动到座 C 上。
　　(2)将座 A 上的 1 个盘子从座 A 移动到座 B 上。
　　(3)将座 C 上的 1 个盘子从座 C 移动到座 B 上。
　　第(3)步可用递归方法分解为：
　　(1)将座 B 上的 1 个盘子从座 B 移动到座 A 上。
　　(2)将座 B 上的 1 个盘子从座 B 移动到座 C 上。
　　(3)将座 A 上的 1 个盘子从座 A 移动到座 C 上。
　　第(1)步操作可归纳为：将座 A 上的 2 个盘子借助座 C 移到座 B。

第(3)步操作可归纳为：将座 B 上的 2 个盘子借助座 A 移到座 C。

2. 解决汉诺塔 64 个盘子移动问题

将 n 个盘子从座 A 移到座 C 可以描述为如下三个大的步骤：

(1)第一步，将上面 n−1 个盘子从座 A，借助座 C 移动到座 B，见下图所示。

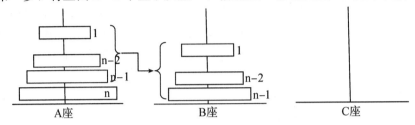

图 2-2-4　将 n−1 个盘子从座 A 移动到座 B

(2)第二步，将第 n 个盘子从座 A 移动到座 C。

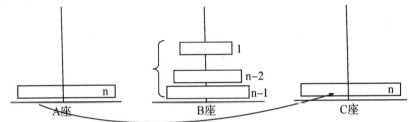

图 2-2-5　将第 n 个盘子从座 A 移动到座 C

(3)第三步，将 n−1 个盘子再从座 B，借助座 A 移动到座 C 上，见下图所示。

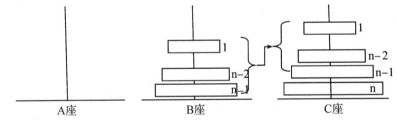

图 2-2-6　将第 n−1 个盘子从座 B 移动到座 C

3. 递归程序的编写要点

递归的终止条件(边界条件)：只有 1 个盘子时，可以直接移动，否则递推调用。

2.3.4 系统流程图

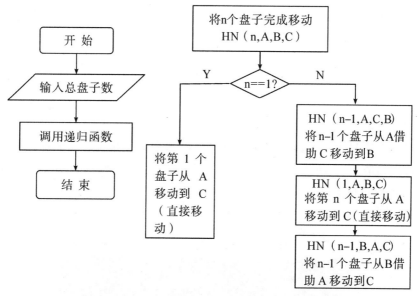

图 2-2-7 左图主流程，右图递归函数流程

2.3.5 项目实现

```
01  #include<stdio.h>
02  void Hanoi(int,char,char,char);              //函数声明
03  int n=0;
04  void main()
05  {
06      int num;
07      printf("请输入盘子个数:");
08      scanf("%d",&num);
09      printf("=======================\n");
10      Hanoi(num,'A','B','C');
11      printf("=======================\n");
12  }
13
14  void Hanoi(int num,char a,char b,char c)
15  {
16      if(num==1)
17          printf("Step%3d:%c-->%c\n",++n,a,c);
```

```
18    else
19    {
20      Hanoi(num-1,a,c,b);
21      printf("Step%3d:%c-->%c\n",++n,a,c);
22      Hanoi(num-1,b,a,c);
23    }
24  }
```

代码解释说明：

第 2 行代码是 Hanoi 函数的声明，第 3 行声明全局变量 n，用来统计移动的步数，第 4—12 行代码是 main 函数部分，主要实现接收盘子个数、调用 Hanoi 函数的功能；第 14—23 行是 Hanoi 函数部分实现递归与显示移动的功能。

运行效果图：

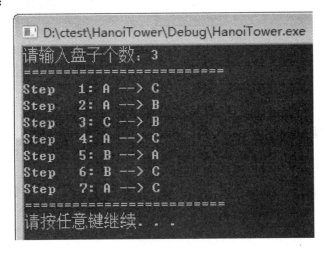

2.3.6 项目扩展

如果改变游戏的玩法：不允许直接从最左(右)边移到最右(左)边，即每次移动一定是移到中间杆或从中间移出)，也不允许大盘放到小盘的上面。

问：(1)每一步应该如何移动？

(2)总共需要移动多少步？

2.4 拓展项目

2.4.1 其他拓展项目

1. 递归实现：一楼梯有 20 级，每次走一级或两级，从楼底走到楼顶，有多少种走法？

2. 任意输入一个整数，递归实现将该整数分解出对应的每个数字，并打印出每个数字对应的字符。如 531，分解出 5，3，1，然后以字符的形式打印出 '5'，'3'，'1'，递归实现。

3. 递归实现：任意输入一个整数，将其转换为任意进制数。

4. 全排列问题：从 n 个不同元素中任取 m(m≤n)个元素，按照一定的顺序排列起来，叫做从 n 个不同元素中取出 m 个元素的一个排列。当 m＝n 时所有的排列情况叫全排列。n 和 m 任意输入，打印出所有的全排列元素。

如 1，2，3 三个元素的全排列为：

1，2，3；1，3，2；2，1，3；2，3，1；3，1，2；3，2，1。

5. 组合问题，递归打印出 C_n^m 所有的组合。

6. 有趣的兔子问题

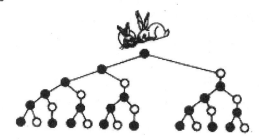

一般而言，兔子在出生两个月后，就有繁殖能力，一对兔子每个月能生出一对小兔子来。如果所有兔子都不死，那么一年以后可以繁殖多少对兔子？

7. 趣味年龄问题：有 5 个人坐在一起，问第五个人多少岁？他说比第四个人大 2 岁。问第四个人岁数，他说比第三个人大 2 岁。问第三个人，又说比第二个人大两岁。问第二个人，说比第一个人大两岁。最后问第一个人，他说是 10 岁。请问第五个人多大？用递归算法实现。

8.37 个人围成一圈，编上号码(1~37)，第一个人从 1 数起，数到 5 的那个人被淘汰出局，接下来的那个人又开始从 1 数起，数到 5 的那个人也被淘汰……最后剩下的那个人为赢家，问第几个人是赢家？

实战 3　大型项目组织

在 C 语言的应用开发领域，如通讯领域和嵌入式系统领域，一个软件项目通常包含很多复杂的功能，完成这样的项目不是一个程序员单枪匹马就可以胜任的，往往需要一个团队的有效合作。在一个以 C 代码为主的完整项目中，经常也需要加入一些其他语言的代码，例如，C 代码和汇编代码的混合使用，C 和 C++的同时使用。这些都增加了一个软件项目的复杂程度，为了提高软件设计质量，合理地组织各种代码和文件是非常重要的。

合理组织代码和源程序文件是为了使团队合作更加有效，使软件项目有良好的可扩展性、可维护性、可移植性、可裁减性、可测试性，防止错误发生，提高软件的质量。

本章就如何有效管理和组织 C 综合项目，提供一个参考。

3.1　程序菜单实现

程序菜单，是最基本的交互设计，用以完成基本的人机交互功能和有效组织各程序模块最简单和最有效的一种手段和方法。

对于一般的窗口界面应用程序的开发，都会涉及控制台窗口操作、文本(字符)控制、滚动和移动光标、键盘和鼠标等几个方面。C++的 Windows 图形界面应用程序，是一种界面友好的交互设计方法，但涉及知识过多。TC 提供一系列的文本屏幕(控制台窗口)控制函数(相应的头文件是 conio.h)，但在 VC++中并没有提供对应的头文件。为了突出 C 的基本编程思想和解决基本编程问题，本实战教材中只阐述简单的基于字符模式的程序菜单设计方法，其他相关的界面设计，请读者自行查阅相关资料学习。

3.1.1　菜单设计

菜单设计核心有两点：

(1)打印语句，展示模块的菜单项。

在字符模式下，主要使用 printf()函数的相关格式控制来实现菜单项的打印控制和展示，如图 2-3-1 所示。

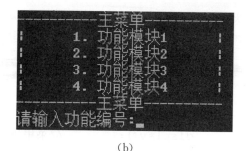

　　　　　　　　(a)　　　　　　　　　　　　　　　　　　(b)

图 2-3-1　简易菜单展示

　　为实现图 2-3-1a 所示菜单项，可以编写一个函数来完成，代码如下：

```
01   void display()
02   {
03       printf("＊＊＊＊＊＊＊＊主菜单＊＊＊＊＊＊＊＊＊\n");
04       printf("＊＊＊1. 功能模块 1＊＊＊\n");
05       printf("＊＊＊2. 功能模块 2＊＊＊\n");
06       printf("＊＊＊3. 功能模块 3＊＊＊\n");
07       printf("＊＊＊4. 功能模块 3＊＊＊\n");
08       printf("＊＊＊＊＊＊＊＊＊＊＊＊＊＊＊＊＊＊＊\n");
09       printf("请输入功能编号:");
10   }
```

　　(2)无限循环，同时设置监视哨。

　　无限循环，要求程序反复运行，直到满足特定条件(输入特定值)退出。可以通过无限循环同时设置监视哨的方式控制程序运行。

　　为实现用户的交互，必须使用输入函数(如 scanf() 或 getchar() 等)和 switch() 语句联合使用，接受用户的输入和选择。

```
while(1)
{
    用户输入；
    switch(用户输入)
    {
        case "值"：
          break；
        case "值"：
          break；
          ……
    }
    if(特定条件时)
        exit(0)；
}
```

为实现上述图 2-3-1 的功能，无限循环及用户输入代码如下：

```
01  ……
02  int key;
03  while(1)
04    {
05      display();              //菜单项的显示
06      scanf("%d",&key);//接受用户的输入
07      switch(key)            //根据用户选择
08      {
09        case 1:
10              ……            //模块 1 的函数调用语句
11              break;
12        case 2:
13              ……            //模块 2 的函数调用语句
14              break;
15        case 3:
16              ……            //模块 3 的函数调用语句
17              break;
18        case 4:
19              ……            //模块 4 的函数调用语句
20              break;
21        default:
22              ……            //其他处理函数的调用语句
23              break;
24      }
25    }
26  ……
```

3.1.2　菜单框架

一个典型的菜单主程序框架应该包含两个重要的程序流程即多分支结构和循环结构。下面将本教材中所有实战项目组合成一个综合项目，通过菜单项的选择分别进入各实战项目。其菜单程序主框架代码如下：

```
01  int key;
02  for(;;)        //主循环
03  {
04    //CProgramMainDisplayMenu();自定义函数,其中的界面根据需要设计
05    Key= CProgramMainDisplayMenu();      //显示菜单的选择及操作界面
```

```
06     switch(Key)
07       {
08         case 1:              //进入实战 1 项目相关子模块
09           HandleModu1();  //实战 1 项目中暴露出来的接口,完成具体功能的函数
10           break;
11         case 2:              //进入实战 2 项目相关子模块
12           HandleModu2();  //实战 2 项目中暴露出来的接口
13           break;
14         case 3:              //进入实战 3 项目相关子模块
15           HandleModu3();  //实战 3 项目中暴露出来的接口
16           break;
17         case 4:              //进入实战 4 项目相关子模块
18           HandleModu4();  //实战 4 项目中暴露出来的接口
19           break;
20         case 5:              //进入实战 5 项目相关子模块
21           HandleModu5();  //实战 5 项目中暴露出来的接口
22           break;
23         case 6:              //进入实战 6 项目相关子模块
24           HandleModu6();  //实战 6 项目中暴露出来的接口
25           break;
26         case 7:              //进入实战 7 项目相关子模块
27           HandleModu7();  //实战 7 项目中暴露出来的接口
28           break;
29         case 8:              //进入实战 8 项目相关子模块
30           HandleModu8();  //实战 8 项目中暴露出来的接口
31           break;
32         case 0:
33           printf("\n****谢谢你的使用,欢迎多提意见****!\n");
34           exit(0);          //退出整个项目
35
36         default:
37           break;
38       }                     //switch()结束
39 }                           //for 结束
40 /* 菜单展示函数* /
41 int CProgramMainDisplayMenu()
42 {
43   int key;
```

```
44      printf(……);            //根据实际需要设计打印格式
45      printf(……);            //根据实际需要设计打印格式
46      scanf("%d",&key);      //用户的输入选择项
47      return key;
48  }
```

3.2　VC++下典型项目组织

针对 C 程序，当组织一个典型项目时，若将全部源代码放在一个程序文件中，则不便于编写、修改及加工程序。需要将各个功能模块代码分别用函数实现，并放在不同的程序文件中。如何有效组织这些源程序代码，下面的原则值得大家仔细思考。

(1)模块化思想。

(2)抽象代码最好用头文件。

(3)具体代码在相应的功能模块内实现。

(4)功能模块用文件夹组织。

(5)功能模块中可以含有很多 C 文件。

(6)每个 C 文件可以拥有几个相关的函数。

(7)每个函数的代码不易过多。

(8)在编写过程中，若发现代码重复度有些高，需要回到(2)，抽取抽象代码。(C++中，即抽取出来的作为父类，配合接口实现)。

(9)C 用结构体去实现抽象，抽象的公共代码放到相关头文件中(类似 stdio.h 基本上能实现所有的 I/O)。

为体现上述基本原则，下面就以 VC++6.0 为开发平台，介绍如何构建一个典型 C 项目，并有效组织其中的各类程序文件。

3.2.1　项目的功能需求

项目功能需求：

(1)利用数组实现，输入 10 个整数，打印出最大值和最小值；

(2)利用指针实现，输入 3 个整数，打印出最大值和最小值。

要求：

(1)建立 3 个源文件，分别实现主界面、数组功能模块和指针功能模块，通过头文件暴露数组模块和指针模块接口 (其实是函数声明)；

(2)编写项目的入口——主函数，设计主界面，通过用户选择分别进入数组功能模块和指针功能模块，在这两个模块中，利用函数分别实现数据的输入，寻找最大值和最小值，完成最大值和最小值的输出。

3.2.2　项目框架搭建

1. 函数(模块)组织

　　按照模块化设计思想，整个项目由主界面、数组功能和指针功能三个模块构成，它们分别对应三个函数：dispalyMain 函数、Arrayfun 函数和 Pointfun 函数，其中后两个功能函数又包括三个子函数，通过函数调用的方式整合在一起。在 main 函数中通过调用 displayMain 函数实现主界面；通过调用 Arrayfun 函数，实现访问数组功能模块；通过调用 Pointfun 函数，实现访问指针功能模块。

　　数组功能模块由 Arrayfun() 函数实现，完成数据的录入，并通过调用 displayArray() 函数显示数组功能模块的界面，通过调用 Maxfun 函数，求出数组中的最大值，通过调用 Minfun 函数，求出数组中的最小值。

　　指针功能模块由 Pointfun() 函数实现，完成数据的录入，并通过调用 displayPoint() 函数显示指针功能模块的界面，通过调用 Maxfun 函数，求出最大值，通过调用 Minfun 函数，求出最小值。

　　其函数调用关系如图 2-3-2 所示。

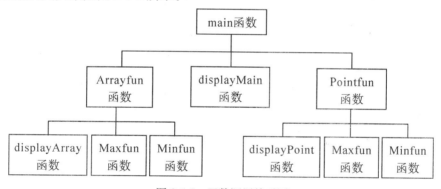

图 2-3-2　函数调用关系图

2. 文件组织

　　根据上述模块设计思路，在该项目中一共新建三个.cpp源文件和两个 .h 头文件，分别取名为：Main .cpp，ArrayModel .cpp，PointModel .cpp和 ArrayModel. h，PointModel. h。

　　在 Main .cpp文件中的主函数是如何调用 ArrayModel .cpp文件中的 Arrayfun() 函数和 PointModel .cpp文件中的 Pointfun() 函数的呢？这里是通过头文件来暴露（声明）函数的方式，在 ArrayModel. h 头文件中声明 Arrayfun() 函数，在 PointModel. h 头文件中声明 Pointfun() 函数，并在 Main .cpp文件中引用上述两个头文件即可。

　　搭建好的项目文件结构见图 2-3-3 所示。

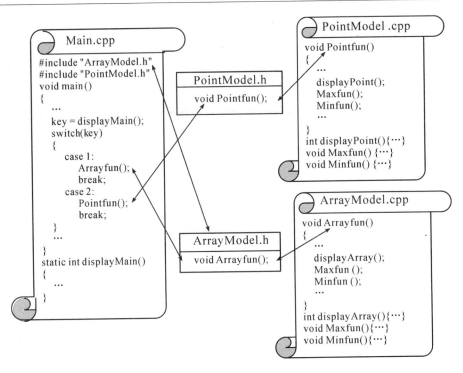

图 2-3-3　项目文件结构图

3.2.3　项目实现

1. 主程序文件 Main .cpp实现

主程序包含两个函数：主函数 main()和界面显示函数 displayMain()。main()函数主要是根据用户的选择进入不同的功能模块，通过包含 ArrayModel. h 和 PointModel. h 这两个头文件，而调用其头文件中暴露的功能接口函数 Arrayfun()和 Pointfun()来实现；displayMain()函数比较简单，主要用于显示用户的操作菜单。

Main .cpp文件具体代码：

```
01  #include〈stdio.h〉               //本程序需要使用的头文件
02  #include〈stdlib.h〉              //exit(0)函数引用
03  //被包含的各模块中暴露接口的头文件
04  #include"ArrayModel.h"
05  #include"PointModel.h"
06  //本程序主函数实现代码
07  void main()
08  {
09      int Key;
10      for(;;)                         //主循环
```

```
11  {
12  Key=displayMain();        //显示界面
13  switch(Key)
14  {
15    case 1:
16      Arrayfun();            //直接进入数组模块
17      break;
18    case 2:
19      Pointfun();            //直接进入指针模块
20      break;
21    case 0:
22      printf("\n*** 谢谢你的使用,欢迎多提意见***!\n");
23      exit(0);
24
25    default:
26      break;
27  }                          //switch()结束
28   }                         //for 结束
29  }                          //main()结束
30
31  //主界面显示
32  static int displayMain()
33  {
34    int num;
      bool flag=true;          /* 注:bool 是 C++中的类型*/
35    printf("************** 框架结构化 C 程序**********\n");
36    printf("**          1:进入数组子模块          **\n");
37    printf("**          2:进入指针子模块          **\n");
38    printf("**          0:退出程序                **\n");
39    printf("***请您任意输入 1、2、0 等完成相应的操作***\n");
40    do  //确保输入数字合法
41    {
42      printf("请输入:");
43      scanf("%d",&num);
44      if(num!=0&&num!=1&&num!=2)        //判断输入数字合法性
45      {
46        printf("please inter the right number! \n");
47        flag=false;
```

```
48        }
49     else
50          flag=true;
51    }while(flag==false);
52    return num;
53  }
```

2. 数组功能模块 ArrayModel .cpp文件实现

数组功能模块主要有 4 个函数,其中 Arrayfun()函数是在 ArrayModel .cpp中定义,通过在 ArrayModel. h 中声明达到暴露,以供主函数调用。在 Arrayfun()函数中调用了 displayArray()显示数组功能界面,通过输入 10 个整数存放到数组,根据欢迎界面的提示,选择不同功能,分别调用最大值函数 Maxfun()和最小值函数 Minfun(),或者返回到上一层。在程序的 3—5 行声明了本文件中使用的 3 个函数,均定义为静态函数,只允许在本文件内部使用。displayArray()函数的实现可参考 displayMain()函数的编写。

```
01  #include<stdio.h>              //本程序需要使用的头文件
    # include <stdlib.h>
02  //本程序中所使用函数声明
03  static int displayArray();
04  static void Maxfun(int a[]);
05  static void Minfun(int a[]);
06
07  //本程序的功能函数
08  void Arrayfun()
09  {
10    int a[10],i,key;
11    printf("***********欢迎进入数组实战模块************\n");
12    printf("请任意输入 10 个整数:\n");
13    for(i=0;i<10;i++)
14      scanf("%d",&a[i]);
15    do{
16        key=displayArray();
17        switch(key)
18        {
19          case 1:
20              Maxfun(a);break;
21          case 2:
22              Minfun(a);break;
23          case 0:
```

```
24          exit(0);
25      default:
26          Printf("输入功能项菜单有误!");
27          break;
28      }  //switch()结束
29  }while(1);
30  }
31  //主界面显示代码
32  static int displayArray()
33  {
34      …
35      //具体代码可参考 displayMain()函数的实现
36  }
37  //求数组最大值函数
38  static void Maxfun(int a[])
39  {
40      int maxnum=a[0];
41      for(int i=0;i<10;i++)
42      if(a[i]>maxnum)
43          maxnum=a[i];
44      printf("The max number is%d\n",maxnum);
45  }
46  //求数组最小值函数
47  static void Minfun(int a[])
48  {
49      int minnum=a[0];
50      for(int i=0;i<10;i++)
51      if(a[i]<minnum)
52          minnum=a[i];
53      printf("The min number is%d\n",minnum);
54  }
```

3. 指针模块 PointModel .cpp文件实现

指针模块的实现同数组模块的实现类似，也是由 4 个函数组成，在 Pointfun()函数中调用 displayPoint()函数显示指针模块的欢迎界面，通过输入 3 个整数存放到 3 个不同的整型变量中，根据欢迎界面的提示，选择不同功能，分别调用最大值函数 Maxfun()和最小值函数 Minfun()，或者返回到上一层。在程序的 3－5 行声明了本文件中使用的 3 个函数，均定义为静态函数，只允许在本文件内部使用。displayPoint()函数的实现可参考 displayMain()函数的编写。

```
01  #include<stdio.h>                      //本程序需要使用的头文件
02  //本程序中所使用函数声明
03  static int displayPoint();
04  static void Maxfun(int* ,int* ,int* );
05  static void Minfun(int* ,int* ,int* );
06  //本程序实现功能的函数
07  void Pointfun()
08  {
09    int a,b,c,i,key;
10    printf("***********欢迎进入指针实战模块***********\n");
11    printf("请任意输入 3 个整数:\n");
12    scanf("%d%d%d",&a,&b,&c);
13    do
14    {
15      key=displayPoint();
16      switch(key)
17      {
18        case 1:
19            Maxfun(&a,&b,&c);
20            break;
21        case 2:
22            Minfun(&a,&b,&c);
23            break;
24        case 0:
25            return;
26        default:
27            break;
28      }//switch()结束
29    }while(1==1);
30  }
31  //指针模块界面显示
32  static int displayPoint()
33  {
34    ...
35  }
36  //求数组最大值函数
37  static void Maxfun(int *p1,int *p2,int *p3)
```

```
38  {
39    int *pmax=p1;
40    if(*p2> *pmax)pmax=p2;
41    if(*p3> *pmax)pmax=p3;
42    printf("The max number is%d\n",* pmax);
43  }
44  //求数组最小值函数
45  static void Minfun(int *p1,int *p2,int *p3)
46  {
47    int *pmin=p1;
48    if(*p2< *pmin)pmin=p2;
49    if(*p3< *pmin)pmin=p3;
50    printf("The max number is%d\n",*pmin);
51  }
```

4. 数组模块头文件

数组模块中接口的暴露是通过将 ArrayModel .cpp文件中提供的功能（接口）函数 Array-fun()在头文件 ArrayModel. h 中声明得以实现。

ArrayModel. h 中的代码：

```
01  void Arrayfun();      //声明 ArrayModel .cpp文件中定义的函数
```

5. 指针模块头文件

指针模块中接口的暴露也同样通过这种方式实现，将 PointModel .cpp文件中提供的功能（接口）函数 Pointfun()在头文件 PointModel. h 中声明。

PointModel. h 中的代码：

```
01  void Pointfun();      //声明 PointModel .cpp文件中定义的函数
```

3.2.4　运行结果展示

1. 项目结构图

在 VC++6.0 平台下，搭建好的项目结构如图 2-3-4 所示。

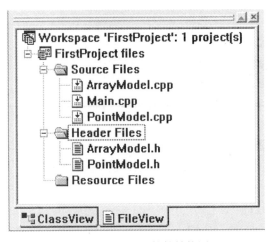

图 2-3-4　项目文件件结构图

2. 主程序运行结果

程序从主函数处开始运行，出现欢迎界面，如图 2-3-5 所示。

图 2-3-5　项目主界面

3. 数组模块运行结果

根据主程序欢迎界面提示，输入 1，进入数组子模块，紧接着输入 10 个整数之后，进入数组实战功能模块，再输入 1 功能项后，程序统计出最大值。相关运行过程结果如图 2-3-6 所示。其他模块的运行效果图不再展示，请读者自行运行查阅。

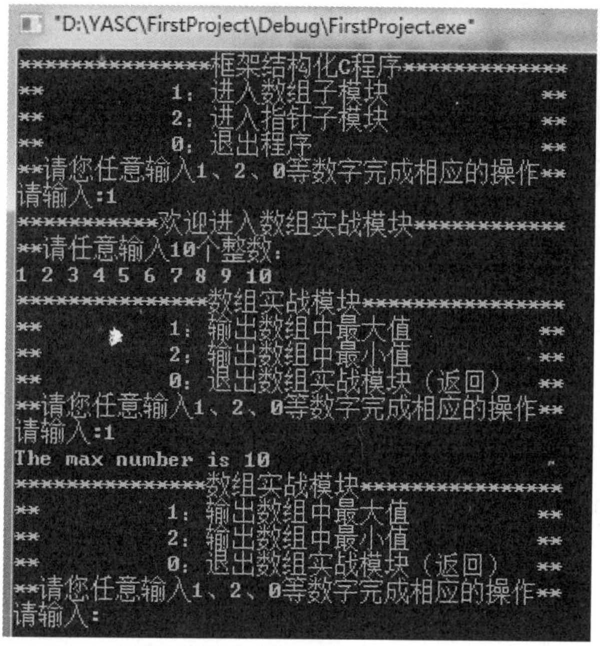

图 2-3-6 数组模块运行效果图

3.3 VS.NET下大项目组织

上一节已经基本展示了 C 项目组织与构建的基本思想。对于 C 程序，当组织大型复杂项目时，源代码会很长，如果把全部代码放在一个源文件里，编写程序，修改、加工程序都会很不方便。当程序文件很大时，装入编辑会遇到困难，也不便于在文件中确定位置，若对程序做了一点修改，调试前必须对整个源文件重新编译，如果不慎把已经调试确认的部分改了，又会带来新的麻烦。在实践中人们体会到：应当把较大规模程序代码分成子程序，分别放在一组源程序文件中，各自进行开发、编译、调试，然后再把它们组合起来，组装成整个软件(程序)。C 语言本身支持这种开发方式，当我们编写较大规模的程序时，上述问题就会显现出来，因此应当学习"大程序"的开发、组织方法。

把一个程序分成几个源程序文件，显然这些源文件不是互相独立的。一个源文件里可能使用其他源文件定义的程序对象(外部变量、函数、类型等)，这实际上在不同源文件间形成了一种依赖关系。这样，一个源文件里某个程序对象的定义改动时，使用这些定义的其他源文件也可能要做相应修改。在生成可执行程序时，应该重新编译改动过的源文件，而没改过的源文件就不必再编译了。在连接生成可执行程序时，要把所有必要的模块装配在一起。这些管理工作可以由开发人员自己控制，但是很麻烦。Visual C++以及 Visual Studio .NET等集成开发环境的项目管理功能都为我们处理这些问题提供了方便。

3.3.1 项目功能需求

设本教程提供了 8 个实战项目。每个实战项目又包含数个子项目和扩展项目。如何将这 8 个实战项目有机整合成一个综合项目？该综合实战项目框架如何搭建？各个实战项目源代码文件如何组织？如何设置头文件？各个模块如何有效组织，如何公布接口，如何调用等等，本节将给出相应范例。

3.3.2　知识点分析

此次实验要使用到如下知识点：

(1)多分支结构，循环结构。

(2)函数的定义、声明和调用。

(3)文件包含宏命令，头文件。

(4)Visual C++或 Visual Studio .NET 2013 集成开发平台项目组织与管理。

(5)C 语言代码组织策略、源代码文件及头文件组织策略等。

3.3.3　算法思想

1. 主程序框架

主程序框架包含两个重要的程序流程即多分支结构和循环结构。具体代码如下：

```
01  for(;;)  //主循环
02  {
03    Key=CProgramMainDisplayMenu();  //显示操作界面
04    switch(Key)
05    {
06      case 1:               //进入实战 1 项目相关子模块
07        HandlePractise1();  //实战 1 项目中暴露出来的接口
08        break;
09      case 2:               //进入实战 2 项目相关子模块
10        HandlePractise2();  //实战 2 项目中暴露出来的接口
11        break;
12      case 3:               //进入实战 3 项目相关子模块
13        HandlePractise3();  //实战 3 项目中暴露出来的接口
14        break;
15      case 4:               //进入实战 4 项目相关子模块
16        HandlePractise4();  //实战 4 项目中暴露出来的接口
17        break;
18      case 5:               //进入实战 5 项目相关子模块
19        HandlePractise5();  //实战 5 项目中暴露出来的接口
20        break;
21      case 6:               //进入实战 6 项目相关子模块
22        HandlePractise6();  //实战 6 项目中暴露出来的接口
```

```
23        break;
24     case 7:                        //进入实战7项目相关子模块
25        HandlePractise7();          //实战7项目中暴露出来的接口
26        break;
27     case 8:                        //进入实战8项目相关子模块
28        HandlePractise8();          //实战8项目中暴露出来的接口
29        break;
30     case 0:
31        printf("\n*******谢谢你的使用,欢迎多提意见********!\n");
32        exit(0);       //退出整个项目
33
34     default:
35        break;
36    }//switch()结束
37   }//for 结束
```

2. C 综合项目文件组织策略

一个综合性大型 C 项目通常由很多模块组成。每个模块可能由 1 个或多个函数来实现,通常一个模块的代码对应一个或多个 C 源程序文件。例如图书管理系统的模块构成见图 2-3-7 所示。

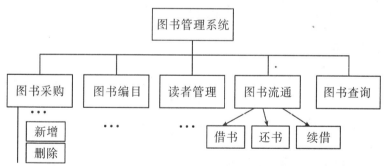

图 2-3-7　图书管理系统模块图

根据 C 语言的特点,通常使用 *.c 或 *.cpp 文件实现模块的功能(即函数的功能定义);使用 *.h 文件暴露模块的接口,在 *.h 文件里声明外部其他模块可能要使用的函数、数据类型、全局变量、类型定义、宏定义和常量定义(声明)等。外部模块只需包含 *.h 文件就可以使用相应的功能(调用函数或其他变量和常量)。当然,模块可以进一步拆分为子模块,根据实际项目的大小确定细分粒度。虽然我们这里说的接口和 COM(通用组件模型)里定义的接口不同,但是,根据 COM 对接口的讨论,为了防止软件在修改时,影响到其他模块,导致其他模块也需要修改,所以,接口第一次发布后,修改 *.h 文件不应该导致使用这个接口的其他模块再重新编写。

根据 C 语言的特点,并借鉴一些成熟软件项目代码管理方法,总结 C 综合项目源代码文件组织策略如下：

(1)使用层次化和模块化的软件开发模型。每一个模块只能使用所在层和下一层模块提供的接口。

(2)每个模块的相关文件保存放在一个独立的文件夹中。通常情况下，实现一个模块的文件不止一个，这些相关的文件应该保存在同一个文件夹中。

(3)用于模块裁减的条件编译宏保存在一个独立的文件里，便于软件裁减。

(4)硬件相关代码和操作系统相关代码与纯 C 代码保持相对独立，以便于软件移植。

(5)声明和定义分开，使用 *.h 文件暴露模块需要提供给模块外部使用的函数，宏、类型、常量、全局变量等，尽量做到模块对外部透明，用户在使用模块功能时不需要了解具体的实现，文件一旦发布，若要修改一定要很慎重。

(6)文件夹和文件命名要能够反映出模块的功能。

(7)正式版本和测试版本使用统一文件，使用宏控制是否产生测试输出。

(8)必要的注释不可缺少。

3. 源程序文件编写策略

C 代码文件为 *.c，C++代码文件为 *.cpp文件，建议：

(1)命名方式：模块名 .c 或模块名.cpp。

(2)用 static 修饰本地的数据和函数。

(3)不要使用 extern。这是在 *.h 中使用的，可以被包含进来。

(4)无论什么时候定义内部的对象，都要确保独立于其他执行文件。

(5)代码文件必须包含相应功能函数的定义。

4. 头文件的编写策略

理想情况下，一个可执行的模块提供一个公开的接口函数，也就是使用一个 *.h 文件暴露接口函数。在 C 语言里，每个 C 文件是一个模块，对应的头文件为使用这个模块的程序提供接口函数声明，只要在自己模块中包含相应的头文件就可以使用在其头文件中暴露的接口函数。

所有的头文件都建议参考以下规则：

(1)头文件中不能包含有可执行代码，也不能有数据的定义，只能有宏、类型(typedef，struct，union，menu)、数据和函数的声明。例如以下的代码可以包含在头文件里：

```
#define NAMESTRING"name"
typedef unsign long word;
menu
{
    int flag1;
    int flag2;
};
```

```
typedef struct
{
      int x;
      int y;
}Piont;
extern Fun(void);
extern int a;
```

全局变量和函数的定义不能出现在*.h文件里。例如下面的代码不能包含在头文件：

```
int a;
void Fun1(void)
{
   a++;

}
```

（2）头文件中不能包含本地数据（模块自己使用的数据或函数，不被其他模块使用）。这一点相当于面向对象程序设计里的私有成员，即只在模块内自己使用的函数、数据，不要用 extern 在头文件里声明。只在模块内自己使用的宏、常量、类型应该在自己的*.c文件里声明。

（3）在头文件里声明外部模块需要使用的数据、函数、宏、类型。

（4）防止被重复包含。使用下面的宏防止一个头文件被重复包含。

```
#ifndef   MY_INCLUDE_H
#define   MY_INCLUDE_H〈头文件内容〉
#endif
```

（5）包含 extern "C"，使程序可以在 C++编译器被里编译。

```
#ifdef ____cplusplus
extern   "C" {
#endif
```

〈函数声明〉

```
#ifdef ____cplusplus
}
#endif
```

被 extern "C" 修饰的变量和函数是按照 C 语言方式编译和连接的；未加 extern "C" 声明时的编译方式，作为一种面向对象的语言，C++支持函数重载，而过程式 C 语言则不支持。函数被 C++编译后在符号库中的名字与 C 语言的不同。例如，假设某个函数的原型为：

void foo(int x，int y)；该函数被 C 编译器编译后在符号库中的名字为 _foo，而 C++编译器则会产生像 _foo_int_int 之类的名字（不同的编译器可能生成的名字不同，但是都采用了相同的机制，生成的新名字称为"mangledname"）。_foo_int_int 这样的名字包含了函数名、函数参数数量及类型信息，C++就是靠这种机制来实现函数重载的。例如，在C++中，函数 void foo(int x，int y)与 void foo(int x，float y)编译生成的符号是不相同的，后者为 _ foo _ int _ float。同样地，C++中的变量除支持局部变量外，还支持类成员变量和全局变量。用户所编程序的类成员变量可能与全局变量同名，我们以"．"来区分。而本质上，编译器在进行编译时，与函数的处理相似，也为类中的变量取了一个独一无二的名字，这个名字与用户程序中同名的全局变量名字不同。加 ex-tern "C"声明后的编译和连接，强制 C++连接器按照 C 编译器产生的符号 _ foo 链接。

(6)保证在使用这个头文件时，用户不用再包含使用此头文件的其他前提头文件，即要使用的头文件已经包含在此头文件里。例如：area. h 头文件包含了面积相关的操作，要使用这个头文件不需同时包含关于点操作的头文件 piont. h。用户在使用 area. h 时不需要手动包含 piont. h，因为我们已经在 area. h 中用＃include "point. h"包含了这个头文件。

5. 部分特殊头文件的编写策略

有一些头文件是为用户提供调用接口函数声明的，这种头文件中声明了模块中需要被其他模块调用的函数和数据，鉴于软件质量上的考虑，处理参考以上的规则外，用来暴露接口函数的头文件还需要参考如下一些规则：

(1)一个模块·个接口函数，不能几个模块共用一个接口函数。

(2)文件名为应与实现模块的 c 文件相同。如：abc. c 对应 abc. h

(3)尽量不要使用 extern 来声明一些共享的数据。因为这种做法是不安全的，外部其他模块的用户可能无法完全理解这些变量的含义，最好提供专门函数访问这些变量。

(4)尽量避免包含其他的头文件，除非这些头文件是独立存在的。即在作为接口的头文件中，尽量不要包含其他模块中暴露其＊. c 文件中接口函数的头文件，但是可以包含一些不是用来暴露接口的头文件。

(5)不要包含那些只有在可执行文件中才使用的头文件，这些头文件应该在＊. c 文件中被包含。这一点如同上一点，是为了提高接口的独立性和透明度。

(6)接口文件要有面向用户的充足的注释。从应用角度描述个暴露的内容。

(7)接口文件在发布后尽量避免修改，即使修改也要保证不影响用户程序。

(8)多个代码文件使用一个接口文件，这种头文件用于那些认为一个模块使用一个文件太大的情况。

3.3.4　系统流程图

根据上述介绍的项目文件组织原则，该实战项目的程序文件见图 2-3-9 所示，该实战项目的主程序流程见图 2-3-8 所示。

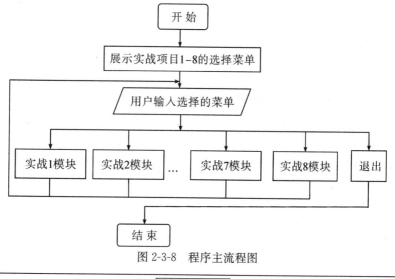

图 2-3-8　程序主流程图

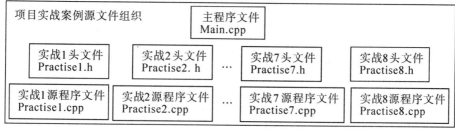

图 2-3-9　程序文件组成图

3.3.5　项目实现

下面展示在 VS.NET平台下的项目实现。

1. 项目文件结构图

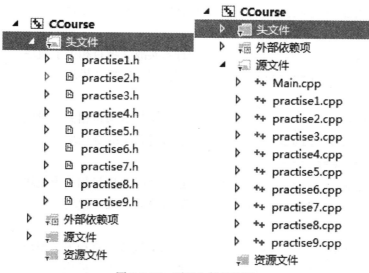

图 2-3-10　项目文件结构图

2. 主程序文件 Main .cpp

```
01    #include<stdio.h>                    //本程序需要使用的头文件
02    #include<stdlib.h>                          //exit(0)函数使用
03    //被包含的各实战项目暴露接口的头文件
04    #include"practise.h"
05    #include"practise1.h"
06    #include"practise2.h"
07    #include"practise3.h"
08    #include"practise4.h"
09    #include"practise5.h"
10    #include"practise6.h"
11    #include"practise7.h"
12    #include"practise8.h"
13
14    //本程序的主函数实现代码
15    void main()
16    {
17      int Key;
18      for(;;)   //主循环
19      {
20        Key= CProgramMainDisplayMenu();   //菜单显示界面
21        switch(Key)
22        {
23          case 1:                 //进入实战 1 项目相关子模块
24            HandlePractise1();     //直接进入实战 1 模块
25            break;
26          case 2:                 //进入实战 2 项目相关子模块
27            HandlePractise2();     //直接进入实战 2 模块
28            break;
29          case 3:                 //进入实战 3 项目相关子模块
30            HandlePractise3();     //直接进入实战 3 模块
31            break;
32          case 4:                 //进入实战 4 项目相关子模块
33            HandlePractise4();     //直接进入实战 4 模块
34            break;
35          case 5:                 //进入实战 5 项目相关子模块
36            HandlePractise5();     //直接进入实战 5 模块
```

```
37              break;
38          case 6:                     //进入实战 6 项目相关子模块
39              HandlePractise6();       //直接进入实战 6 模块
40              break;
41          case 7:                     //进入实战 7 项目相关子模块
42              HandlePractise7();       //直接进入实战 7 模块
43              break;
44          case 8:                     //进入实战 8 项目相关子模块
45              HandlePractise8();       //直接进入实战 8 模块
46              break;
47          case 0:
48              printf("\n****谢谢你的使用,欢迎多提意见****!\n");
49              exit(0);
50
51          default:
52              break;
53          }  //switch()结束
54      }      //for 结束
55  }          //main()结束
```

代码解释说明:

18—53 行是 for 循环,作为程序主要框架,一直在其中循环,直到用户输入 0 退出整个应用程序结束。

20 行,Key=CProgramMainDisplayMenu()函数,用来展示主菜单项,并提供用户的选择功能,其详细代码在后续代码中给出。根据用户输入对应的菜单项数字,作为函数返回值,判断并进入对应的实战项目模块。

21—52 行是 switch 多分支结构,根据用户的输入,分别进入对应的实战项目。

3. CProgramMainDisplayMenu( )函数即菜单展示代码

```
01  //主菜单显示代码
02  int CProgramMainDisplayMenu()
03  {
04      int Key;                          //用来存放用户的输入
05      system("CLS");                    //清屏操作,需要头文件< stdlib.h>
06      printf("**********《C 语言程序设计实践》主菜单**********\n");
07      printf("*          1:进入实战 1 项目子模块          ** \n");
08      printf("**         2:进入实战 2 项目子模块          ** \n");
09      printf("**         3:进入实战 3 项目子模块          ** \n");
```

```
10    printf("**              4:进入实战 4 项目子模块              ** \n");
11    printf("**              5:进入实战 5 项目子模块              ** \n");
12    printf("**              6:进入实战 6 项目子模块              ** \n");
13    printf("**              7:进入实战 7 项目子模块              ** \n");
14    printf("**              8:进入实战 8 项目子模块              ** \n");
15    printf("**              0:退出  ***********\n");
16    printf("请你任意输入 1、2、3、4、5、6、7、8、0 等数字完成对应操作 \n 请输
入:");
17    scanf("%d",&Key);
18    while(Key!=1&&Key!=2&&Key!=3&&Key!=4&&Key!=0&&Key!=5&&Key!
        =6&&Key!=7&&Key!=8)
19    {
20        printf("\n 输入有误,请重新输入完成对应操作\n 请输入:");
21        scanf("%d",&Key);
22    }
23    return Key;
24    }
```

4. 主程序运行效果图

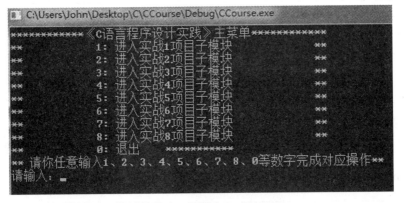

图 2-3-11　主程序运行界面图

5. 项目实战 1 源程序文件代码（practise1 .cpp）

相关代码，请读者自行补充和完善，在此仅列出对应函数声明。

```
01    ……
02    int static IsTriangle(int a,int b,int c);              //是否构成三角形
03    int static Practise1DisplayMenu();              //实战 1 子模块的显示主菜单
04    void static InputTriangle(int *a,int *b,int *c);      //输入三角形边
05    double static CountAreaOfTriangle(float,float,float);      //计算面积
```

```
07    int static DecisionIsWhichTriangle(int flag,int a,int b,int c);
08    void static CalculateForBasic();              //四则运算列子
09    void HandlePractise1()                        //实战 1 子模块的处理函数
10    {
11       ……
12    }
```

6. 项目实战 1 模块运行效果图

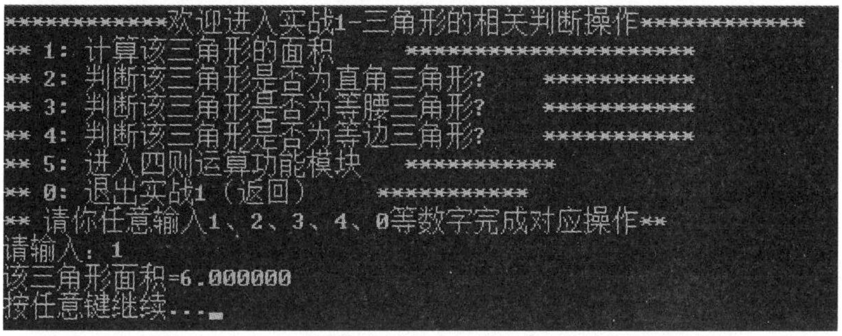

图 2-3-12　实战 1 运行界面图

7. 项目实战 1 头文件代码（practise1. h）

```
01    void HandlePractise1();
02    //实战 1 模块的处理函数声明,用以提供给其他模块调用(如:Main.cpp文件中的
main 函数调用)
```

8. 项目实战 3 源程序代码（practise3 .cpp）

```
01    #include<stdio.h>
02    #include<conio.h>
03    void HandlePractise3()
04    {
05      printf("**********欢迎进入实战 3 项目模块*******");
06      printf("\n 按任意键继续 ... \n");
07      getch();
08    }
```

9. 项目实战 3 头文件代码（practise3. h）

```
01    void HandlePractise3();
02    //实战 3 模块的处理函数声明,用以提供给 Main.cpp中 main 函数调用。
```

3.3.6　项目扩展

请根据已经搭建好的程序框架，按照类似实战 1 的方式，对以后所有的实战项目进行细化和完善。

实战 4　数组及应用

本实战主要练习 C 语言的数组使用。在本实战中，我们将通过"约瑟夫问题"、"统计字符串中各类字符个数"、"单词排序"等实战案例，讲解数组的使用方式。每一个实战案例均按照六个方面进行描述，分别是：项目功能需求、知识点分析、算法思想、系统流程图、项目实现、项目扩展。通过这六个方面的讲解，读者将会对每一个实战案例有一个全面的掌握。在本实战的结尾部分，还包含一个实战拓展，列出其他一些经典的算法和程序，供读者自行学习。

4.1　约瑟夫(Joseph)问题(数组)

据说著名犹太历史学家约瑟夫讲过以下的故事：在罗马人占领乔塔帕特后，39 个犹太人与约瑟夫及他的朋友躲到一个洞中，39 个犹太人决定宁愿死也不要被敌人抓到，于是决定了一个自杀方式，41 个人排成一个圆圈，由第 1 个人开始报数，每报数到第 3 人，该人就必须自杀，然后再由下一个重新报数，直到所有人都自杀身亡为止。然而约瑟夫和他的朋友并不想遵从。约瑟夫要他的朋友先假装遵从，他将朋友与自己安排在第 16 个与第 31 个位置，于是逃过了这场死亡游戏。下图展示了整个游戏过程的执行。

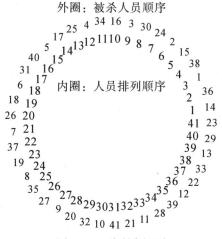

图 2-4-1　约瑟夫问题

17 世纪的法国数学家加斯帕在《数目的游戏问题》中讲了这样一个故事：15 个教徒和 15 个非教徒在深海上遇险，必须将一半的人投入海中，其余的人才能幸免于难，于是想了一个办法：30 个人围成一圆圈，从第一个人开始依次报数，每数到第九个人就将他扔入大海，如此循环进行直到仅余 15 个人为止。问怎样排法，才能使每次投入大海的都是非教徒。

4.1.1　项目功能需求

题目描述：N个人围成一圈，从第一个开始报数，数到第 k 时那人出队；下一个人再从 1 开始报数，依次循环，直到最后一个人。

要求：①用数组存放 N 个人(N 可设定为某一确定值)；②用户分别依次输入 N 个人名；③k 由用户输入；④依次输出退出人的顺序；⑤将数组以参数形式传递给单独的函数进行处理。

运行效果：

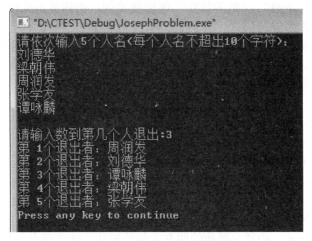

图 2-4-2　约瑟夫问题运行效果

4.1.2　知识点分析

使用数组作为连续存储单元，存放总人数，利用数组索引下标循环从 0 到 N−1，达到围成圈的目的。

通过实验可达到如下目标：

(1)掌握数组的声明和使用。

(2)循环和数组的使用。

(3)字符数组及字符串处理函数的应用。

(4)掌握约瑟夫环的算法思想及代码实现。

4.1.3　算法思想

用二维字符数组来存放人名即 name[N][LEN]，一旦人员出队，则将对应数组姓名字符串设置为空串。

如何在数组中找到出队成员呢，在这里使用一个下标和两个计数器。

idx：代表姓名字符数组下标；

out：用来代表出队人员总数计数器；

couter：数数计数器。

(1)数组下标 idx，见下图，让该下标 idx 指针从 0～N−1 不断累加循环，然后再重新回到 0，继续循环，直到只剩下最后一人未出队。这就构成了整个程序的主循环。循环的结束条件是出队总人数 out 计数器达到 N−1 即结束。否则程序不断循环。

idx=0   idx=N-1

　　（2）主循环每循环一次，即 idx＋＋（idx 指针往后移动一个位置）。①首先判断字符数组
name 当前 idx 下标所在元素是否为空，即 name[idx]是否为空串，如果为空串，表示此人已
经出队，直接让 idx 指向下一个人员。只有 name[idx]不为空串，表示此人还没有出队，此
时进行下面判断；②couter 数数计数器＋1，然后判断该数数计数器是否与之前设定的 k 值
相等，如果不相等，则不是要出队的人员，让 idx 指向下一个人员；如果与 k 相等，则找到
一个出队的人员，此时进入③判断和处理；③out 出队总数计数器＋1，设置 name[idx]为空
串，表示该人员已经出队，couter 计数器清为 0，重新开始计数。

4.1.4   系统流程图

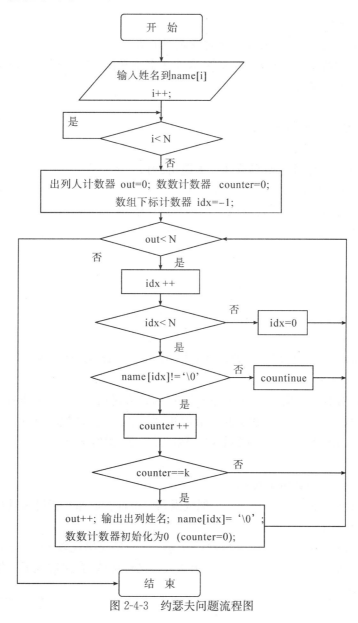

图 2-4-3   约瑟夫问题流程图

4.1.5　项目实现

```
01  #include<stdio.h>
02  #include<string.h>
03  #include<conio.h>  //getch()需要
04  #define N 5
05  #define LEN 10
06  void JosephProblem(char[][LEN],int);     //二维数组作参数传递
07  main()
08  {
09    char name[N][LEN];
10    int i,k;   //k表示数到第k时该人即出队
11    printf("请依次输入%d个人名(每个人名不超出10个字符):\n",N);
12    for(i=0;i<N;i++)
13    {
14      scanf("%s",name[i]);
15    }
16    printf("\n请输入数到第几个人退出:");
17    scanf("%d",&k);
18    JosephProblem(name,k);   //函数调用语句
19    puts("Press any key to exit...");
20    getch();
21  }
22
23  void JosephProblem(char ary[][LEN],int K)
24  {
25    int out=0;     //出列人数统计(计数器),当out为N时,循环结束
26    int counter=0;
              //数数计数器,当counter为n时,该人退出,counter重置0
27    int idx=-1;     //数组的索引指针,当idx为N时,重置idx=0
28    while(out<N)     //只要出列人数<总人数,继续循环。
29    {
30      idx++;  //数组下标+1
31      if(idx==N)               //把数组索引指针看成循环指针来对待
32        idx=0;
33      if(strcmp(ary[idx],"\0")==0)     //字符串比较strcmp()函数
34        continue;               //表示该人员已经出队,直接进入下一轮
35      else
```

```
36      {
37        counter++;   //数数计数器+1
38        if(counter==k)   //数数到第 k 时,表示该人员出队
39        {
40          out++;
41          printf("第% 2d 个退出者:%s\n",out,ary[idx]);
42          strcpy(ary[idx],"\0");//退出,用"\0"标记
43          couter=0;
44        }   //if
45      }   //else
46    }   //while
47  }
```

程序说明:

(1)核心数据结构:

void JosephProblem(char[][LEN], int);//核心函数,完成相关功能。

name[N][M]:代表姓名的二维字符数组;

out:用来代表出队个数计数器;

counter:数数计数器;

k:代表数数到第 k 时,该人员出队。

(2)其他解释:

第 14 行代码:scanf("%s", name[i]);实现字符串输入,name[i]代表第 i 个人的姓名。其他字符串处理函数参见相应参考书。

第 18 行代码:JosephProblem(name,k);函数调用语句,二维字符数组作函数参数。

第 33 行中的 strcmp(ary[idx]," \0")表示字符串比较。

其他参见程序中的注释。

4.1.6 项目扩展

(1)该问题可以采用指针通过链表来实现,参见实战 6 所示。

(2)约瑟夫"密码问题"。

问题描述:编号为 1,2,3,…,N 的 n 个人按顺时针方向围坐一圈,每人持有一个密码(正整数)。从指定编号为 1 的人开始,按顺时针方向自 1 开始顺序报数,报到指定数 M 时停止报数,报 M 的人出列,并将他的密码作为新的 M 值,从他按顺时针方向的下一个人开始,重新从 1 报数,依此类推,直至所有的人全部出列为止。请设计一个程序求出出列的顺序,其中 N≤30,M 及密码值从键盘输入。

测试数据:7,20 密码为:3172484

正确的结果:6,1,4,7,2,3,5

提示:程序运行后首先要求用户指定初始报数上限,然后读取每个人的密码。

项目实现代码如下:

```
#include<stdio.h>
void main()
{
    int N,M,pwd;              //N 为总人数,M 为第一个人出队的决定数
    int i,mark,count;    //mart 为数数计数器,count 为出圈人计数器
    int r[31],out[31];       //限定最多为 30 人,其中数组 r[]用以存放每个人的密
                             码,数组 out[]用以记录出圈人序号。
    printf("请输入总人数(<=30)及开始的 M(正整数)值:如 5,3\n");
    scanf("%d,%d",&N,&M);
    printf("请分别输入每个人的密码"(用空格分开););
    for(i=1;i<=N;i++)
      {
         scanf("%d",&pwd);
         r[i]=pwd;
      }
    mark=0;//数数计数器初始化
    count=0;//出队总人数初始化
    while(1)
      {
         for(i=1;i<=N;i++)
           {
              if(r[i]>0)                    //r[i]为 0 表示此人已出圈
                {
                mark++;                              //数数计数器
                if(mark==M)                     //数到 M 时,此人出圈
                  {
                  count++;          //出圈人计数器,用以统计出圈人总数
                  out[count]=i;
                  M=r[i];           //更新设定下一轮的出队决定数即密码
                  r[i]=0;                   //出圈后的那个人密码设置为 0
                  mark= 0;                        //数数计数器初始化为 0
                  }
                }                                                //if
           }                                                    //for
         if(count==N)break;
      }                                                        //while
    printf("出列的先后序号为:");
```

```
    for(i=1;i<=N;i++)
        printf("%d",out[i]);
}
```

4.2　分类统计输入字符串中各类字符个数

4.2.1　项目功能需求

输入一字符串，统计其中大写字母、小写字母、数字、空格和其他字符各多少个。

要求：①输入任意一字符串(长度不超出 100 个字符)；②用数组进行处理；③将数组以参数形式传递给单独的函数进行处理；④统计结果在 main 函数中输出。

4.2.2　知识点分析

(1)掌握 C 语言存放数组的方式以及数组大小的比较。

(2)考虑到 C 语言中没有 string 类型，所以字符串用字符数组来存放，即采用 char[] 形式。字符串结束符 '\0' 在字符串处理过程中非常重要，用来判断字符串是否结束的标志。

(3)掌握字符串的比较和字符数组的存储。

(4)掌握几种简单的排序算法，如插入排序、选择排序、冒泡排序、快速排序等。

(5)掌握接收多个字符串的方法。

(6)熟悉常用的字符串操作函数，如 strlen 函数、strcmp 函数和 strcpy 函数等。

4.2.3　算法思想

本实战项目核心思想是解决如何处理字符串的问题。串结束符 '\0' 是关键，通过循环将存放在数组中的每个字符取出来处理，直到处理完所有字符，判断处理结束的标志就是串结束符。

该算法的核心流程如下：

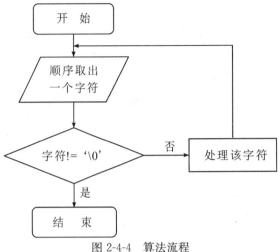

图 2-4-4 算法流程

其中字符处理含义很广，可以是转换、删除、添加或其他相关操作等，根据实际需要进行设计。

4.2.4 系统流程图

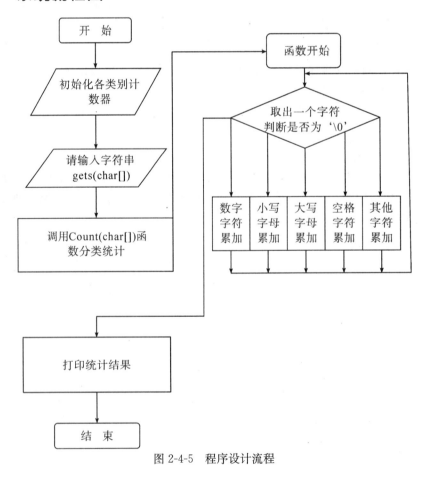

图 2-4-5 程序设计流程

4.2.5　项目实现

```
01  #include<stdio.h>
02  #include<conio.h>
03  #define LEN 100
04  int lc=0,uc=0,d=0,s=0,o=0;      //统计各类别字符计数器:小写、大写、数
字、空格等
05  void Count(char[]);            //函数声明,字符数组作为函数参数
06  main()
07  {
08    char ary[LEN+1];   //用来存放字符串
09    printf("请输入 100 个以内的任意字符\n");
10    printf("程序将按大小写字母、数字、空格和其他字符进行统计。\n");
11    printf("如果超出 100 个字符,程序将只对前 100 个字符进行统计:\n");
12    gets(ary);      //字符串的输入函数,最常用的输入方法,可以输入任意字符
13    Count(ary);
14    printf("小写字母:%d\n",lc);
15    printf("大写字母:%d\n",uc);
16    printf("0-9 数字:%d\n",d);
17    printf("空格:%d\n",s);
18    printf("其他字符:%d\n",o);
19    printf("按任意键退出...");
20    getch();
21  }
//处理函数
22  void Count(char ary[])
23  {
24    int i=0;
25    char c;
26    while(ary[i])          //或使用 ary[i]!='\0',字符串结束符判断
27    {
28      c=ary[i];
29      if(c>='0'&&c<='9')          //单个字符的比较,统计数字字符
30        d++;
31      else if(c>='a'&&c<='z')      //单个字符的比较,统计小写字符
32        lc++;
33      else if(c>='A'&&c<='Z')      //单个字符的比较,统计大写字符
34        uc++;
```

```
35    else if(c=='')                    //单个字符的比较,统计空格
36      s++;
37    else                             //单个字符的比较,统计其他字符
38      o++;
39    i++;
40  }
41 }
```

代码说明：

6—21 行为主函数，输入字符串，调用统计函数，输出统计结果。

22—40 行为函数的主体部分，函数参数为一字符数组。

其他的相关说明参见项目实现中的代码注释。

运行效果图：

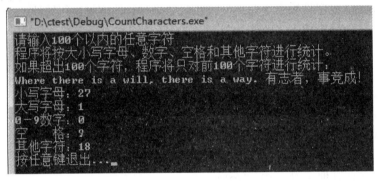

图 2-4-6　运行结果展示

4.2.6　项目扩展

在此项目中使用数组作为字符串的存放方式，在编译时就确定了数组的大小，这不适合现实情况。那么怎么办？其实，可以使用动态申请内存的方式，这就必须使用指针来实现。内存动态申请的核心代码如下：

C 语言中的使用方法：

int cc;

scanf("%d", &cc); //输入字符数组的大小

char *name=(char *)calloc(cc, sizeof(char)); //动态申请指定大小的存储空间

C++中的使用方法：

int cc;

scanf("%d", &cc); //输入字符数组的大小

char *name=new char[cc]; //动态申请指定大小的存储空间

这里的 char *name 和项目中 char ary[LEN+1]作用等同，但前者属于动态，后者为静态。请按照此思路将上述功能重新实现，此时将不必限定输入的字符个数。

4.3　对输入的 N 个单词排序

4.3.1　项目功能需求

任意输入 N 个单词，要求对这 N 个单词排序输出，每个单词的长度不超过某个固定值。

4.3.2　知识点分析

(1)掌握 C 语言存放数组的方式和数组大小的比较。

(2)掌握字符串的比较和字符数组的存储。

(3)熟悉二维字符数组变量的声明和使用。

(4)掌握几种简单的排序算法，如插入排序、选择排序、冒泡排序、快速排序等。

(5)掌握接收多个字符串的方法。

(6)熟悉常用的字符串操作函数，如 strlen 函数、strcmp 函数和 strcpy 函数等。

4.3.3　算法思想

(1)考虑到 C 语言中没有 string 类型，所以字符串的存放用 char[]，多个单词用 char[][]类型存放。字符串的比较用 strcmp 函数。

(2)由于 C 语言中字符串的复制不能直接用"="号，这里对字符串的复制需要使用到 strcpy 函数。

(3)排序的算法有很多种，比如插入排序、选择排序、冒泡排序，快速排序等等。但是这里处理的数据量并不大，不必过多考虑时间和空间的效率问题，所以选择一般的排序算法会更有效，本实战使用插入排序。

(4)针对字符数组的插入排序算法编写要点，注意内外两层循环的开始和结束条件，strcmp 函数和 strcpy 函数的正确使用。

(5)对 N 个单词排序的相应要点描述：

```
01  char key[];
02  for(i=1;i<n;i++)
03  {
04    strcpy(key,word[i]);
05    j=i;
06    while(j>=1&&strcmp(word[j-1],key)>0)
07    {
08      strcpy(word[j],word[j-1]);
09      j--;
10    }
11    strcpy(word[j],key);
12  }
```

以上代码是字符数组排序的主要代码，插入排序的主要思想是从第二个位置开始(代码第2行i＝1体现)将前面的数组看成是已经排好序，接着将第i个位置的值存放到变量key中(代码第4行体现)，然后让while循环实现移动的操作，只要第i个位置的字符串小于第j－1个位置的字符串(代码第6行体现)，那么就将j－1位置的值赋值给j位置(代码第8行体现)j的值减－1。while循环结束，意味着j的位置，就是第i个位置的字符串应该存放的位置，再将第i个位置的值插入到第j位置上去(代码第11行体现)。

4.3.4　系统流程图

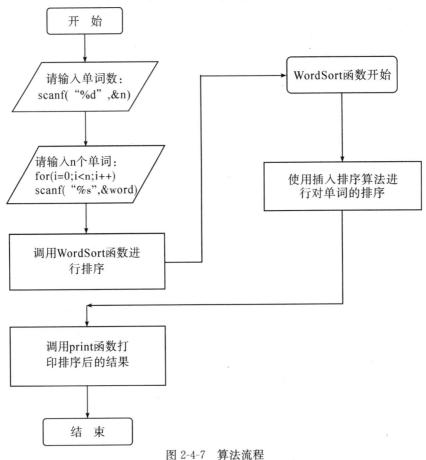

图 2-4-7　算法流程

4.3.5　项目实现

```
1   # include⟨string.h⟩
2   #include⟨stdio.h⟩
3   #define N 50     //单词数上限
4   #define M 26     //单词长度上限
//插入排序
5   void WordSort(char word[][M],int n)
```

```
6   {
7     char key[M];
8     int i,j;
9     for(i=1;i<n;i++)
10     {
11       strcpy(key,word[i]);
12       j=i;
13       while(j>=1&&strcmp(word[j-1],key)>0)
14       {
15         strcpy(word[j],word[j-1]);
16         j--;
17       }
18       strcpy(word[j],key);
19     }
20   }
```

//打印数组

```
21   void print(const char word[][M],int n)
22   {
23     int i;
24     for(i=0;i<n;i++)
25     {
26       printf("%s\n",word[i]);
27     }
28   }
29   void main()
30   {
31     char word[N][M];
32     int m=M-1;
33     int count=N;
34     int n=0,i;
```
//控制输入的单词数在 1-50
```
35     while(n<1||n>50)
36     {
37       printf("请输入你将要输入的单词数:(1-%d)\n",count);
38       scanf("%d",&n);
39     }
40     printf("请输入%d个单词,以空格分开\n(单词长度不超过%d,若超出,程序会
自动忽略超出部分)\n",n,m);
```

```
41
42    for(i=0;i<n;i++)
43    {
44      scanf("%s",&word[i]);
45      word[i][M-1]='\0';
46    }
47    WordSort(word,n);
48    print(word,n);
49    printf("程序结束,若要对更多或者更长的单词排序请修改N,M的值\n");
50  }
```

代码说明：

3—4 行定义单词数和单词长度的上限，可以根据需要改变。

6—20 行是单词排序函数部分，使用的是插入排序算法，使用了 strcmp 函数和 strcpy 函数对字符串进行排序。

21—28 行是 print 函数部分，打印出字符串数组的内容。

29—50 行是 main 函数部分，主要处理接收单词的输入和调用 wordsort 函数以及对排序结果的输出。

运行效果图：

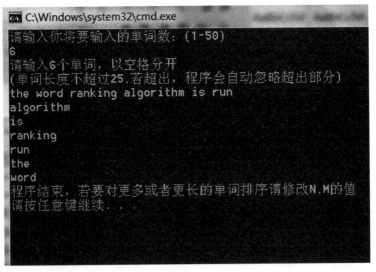

图 2-4-8　程序运行结果展示

4.3.6　项目扩展

(1)如果改变游戏的玩法：使该程序大小写不敏感，而且可以输入一句英文有标点符号。

(2)对输入的这段英文中的单词进行排序，使用非插入排序算法。

4.4　拓展项目

（1）数字查找。

输入 10 个数，保存在一个数组中，在数组中查找某个数，判断是否找到。如果找到了，要求输出该数在数组中所处的位置；如果找不到，输出"没有找到！"。

参考代码：

```
define N 10
……
for(i=0;i<N;i++)
    scanf("%d",&num[i]);
printf("\n 请输入要查找的数:");
scanf("%d",&search);
for(i=0;i<N;i++)
{
    if(num[i]==search)
    break;
}
if(i<N)
    printf("\n 在数组的第%d 个位置找到了数字%d! \n",i+1,search);
else
    printf("\n 没有找到! \n");
```

（2）数组排序。

编写 C 程序实现冒泡排序算法，按照降序排列一组数。

参考代码：

```
#define N 5
……
int grade[N],temp;
for(i=0;i< N;i++)
  scanf("%d",&grade[i]);
for(i=0;i<N;i++)
{
  for(j=0;j<N-i-1;j++)
  {
      if(grade[j]<grade[j+1])
      {
        temp=grade[j+1];
        grade[j+1]=grade[j];
```

```
        grade[j]=temp;
        }
    }
    }
```

(3)智能算法研究。

给定正整数 n 和 b，b≤n²，将 b 个黑皇后和 w 个白皇后摆放在 n×n 的棋盘上，在黑皇后和白皇后不能直接相互攻击的情况下确保白皇后数最大。

BWC 着色问题(Black White Coloring)是指对任意给定的一个无向图进行顶点着色，给定两个正整数 b 和 w，判断是否存在如下的着色方案，其中对 b 个顶点着黑色，对 w 个顶点着白色，着黑色的顶点集合与着白色的顶点集合之间不存在任何边相连接。如果存在如此的着色方案，称为无向图 BWC 着色问题。

BWC 最优化问题，即给定无向图 G 及着黑色顶点数 b，找出一种最优化着色方案，使得与所有黑色顶点不相连接的着白色顶点数最大。显然最优化问题只依赖黑点个数。

举例：

图 2-4-9 描述了一个最优化 BWC 着色方案，b＝3，w＝4。如果将右边着白色顶点中的任意三个着黑，就会得到一个 b＝3，w＝3 的 BWC 着色方案，显然这不是最优的着色方案。

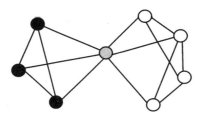

图 2-4-9　最优化 BWC 着色方案(b＝3，w＝4)

项目功能需求：

题目描述：任意输入一个无向图 G 的紧接矩阵数据及着黑色的顶点数，编程序打印出其中白点数的极大值，使得着黑色的顶点与着白色的顶点不能直接相连。

要求：①用数组存放 N 个顶点的邻接矩阵(N 可根据图 G 的实际顶点数确定)，数组大小必须动态确定，为了统一，图文件统一提供。②读入图 G 的邻接矩阵。③着黑色点数 b 由用户输入，为了统一，该值输入为 80。④编程分配对应的黑点(即对相应的顶点作黑色)，然后计算对应白点数的极大值。⑤依次输出对应的黑色顶点及对应的白色顶点。

算法思想：

①读入图的邻接矩阵到二维数组中，输入着黑点数的大小。②从图 G 中随机选择一个顶点着黑色；同时修改所有非黑顶点的黑点度及非黑点度。③从剩下的非黑点集合中选择非黑点度(白点度)最小的顶点着黑色；同时修改所有非黑顶点的黑点度及非黑点度。④判断着黑色顶点总数是否达到要求的黑点总数，如果未达到，转入③。⑤计算目标函数，即白点数(与所有黑点没有任何边相连的顶点)，记录白点数。⑥循环，转入②，寻找白点数的极大值。⑦设置循环结束条件，满足条件退出。

(4)有 n 个整数,使其前面各数顺序向后移 m 个位置,最后 m 个数变成最前面的 m 个数。

(5)字符串连接,将" acegikm" 与" bdfhjlnpq" 进行连接。

(6)某个公司采用公用电话传递数据,数据是四位的整数,在传递过程中是加密的,加密规则如下:每位数字都加上 5,然后用和除以 10 的余数代替该数字,再将第一位和第四位交换,第二位和第三位交换。

(7)计算字符串中子串出现的次数。

(8)求一个 3 ∗ 3 矩阵对角线元素之和。

(9)有一个已经排好序的数组。现输入一个数,要求按原来的规律将它插入数组中,如:原数组为 {1,4,6,9,13,16,19,28,40,100}。

(10)将一个数组逆序输出,原数组为 {9,6,5,4,1}。

实战5 结构体及应用

通过前面有关章节的学习，我们认识了 C 语言的基本数据类型，也了解了数组这种结构型的数据类型，它可以包含一组同一类型的元素。但仅有这些数据类型是不够的，虽然数组作为一个整体可用来处理一组相关的数据，但不足的是，一个数组只能按序组织一批相同类型的数据。对于一组不同类型的数据，显然不能用一个数组来存放，因为数组中各元素的类型和长度都必须一致，为了解决这个问题，C 语言中给出了另一种构造数据类型——"结构体"。

在实际问题中，有时需要将不同类型的数据组合成一个有机的整体，以便于使用。例如，在学生基本信息表中，一个学生的学号、姓名、性别、年龄、成绩等，它们属于同一个处理对象，却又具有不同的数据类型(如表 2-5-1)。每增加、删减或查阅一个学生记录，都需要处理这个学生的学号、姓名、性别、年龄、成绩等数据，因此，有必要把一个学生的这些数据定义成一个整体。结构体的引入为处理复杂的数据结构带来了便利，同时也为函数间参数传递、链表的处理，特别是数据结构比较复杂的大型程序提供了解决方案。

5.1 学生信息登记管理(结构体＋数组)

本系统演示如何使用结构体存储复杂的数据结构(学生信息)，并结合数组操作一定数量的对象(学生人数确定)。不涉及变化的学生人数和数据的物理存储操作。

5.1.1 项目功能需求

有学生成绩登记表如表 2-5-1 所示。

表 2-5-1 学生成绩登记表

学号	姓名	性别	年龄	成绩			平均成绩
				C 语言	英语	高数	
201210409601	刘子栋	男	19	92	85	86	87.7
201210409602	童雨嘉	女	19	88	72	82	80.7
201210409603	杨欣悦	女	18	78	93	74	81.7
201210409604	王子濠	男	19	67	77	75	73
...	...	...	...	...	...	...	...

其中：

学号是长度为 12 的数字字符组成；姓名最大长度为 10 个字符；性别最多允许 4 个字符；年龄为整数；成绩包括三项(C 语言、英语、数学)，均为整数，平均成绩允许有一位小数。

要求：

(1)现某班有 N 名学生(程序运行时，N 设定为某一确定值，并显示在屏幕上以提示操作者)。

(2)用户分别依次输入 N 个学生的信息。

(3)"平均成绩"项应通过计算获得，不从键盘输入。

(4)输入完成后，给出操作菜单让用户选择操作，菜单项如下：

```
请选择排序字段：
----------------------------
(1)学号      (2)姓名      (3)性别      (4)年龄
(5)C 语言    (6)英语      (7)高数      (8)平均分
(9) 显示全部原始信息       (0) 退出程序
----------------------------
```

(5)当用户正确选择排序字段后，进一步请用户选择排序方向，如下：

```
请选择排序方向：
----------------------------
(1)升序    (2)降序    (0)退出程序
----------------------------
```

(6)排序操作可以反复进行，直到用户选择"退出程序"。下框是在控制台下处理 3 个学生信息的运行效果示例。

```
请输入第 1/3 个学生信息：
----------------------------
学号(12 个字符以内):201210409601
姓名(10 个字符以内):刘子栋
性别(4 个字符以内):男
年龄(整数):19
《C 语言》成绩(整数):92
《英语》成绩(整数):85
《高数》成绩(整数):86
----------------------------
请输入第 2/3 个学生信息：
/* 注:此处省略第 2、3 位学生信息的输入显示*/
请选择排序字段：
----------------------------
(1)学号      (2)姓名      (3)性别      (4)年龄
(5)C 语言    (6)英语      (7)高数      (8)平均分
```

(9) 显示全部原始信息　　(0) 退出程序

<u>9</u>

原始的学生信息：

================

学号	姓名	性别	年龄	C语言	英语	高数	平均分
201210409601	刘子栋	男	19	92	85	86	87.7
201210409602	童雨嘉	男	19	88	72	82	80.7
201210409603	杨欣悦	女	18	78	93	74	81.7

请选择排序字段：

----

(1) 学号　　　(2) 姓名　　　(3) 性别　　　(4) 年龄

(5) C语言　　(6) 英语　　　(7) 高数　　　(8) 平均分

(9) 显示全部原始信息　　　(0) 退出程序

<u>8</u>

请选择排序方向：

----

(1) 升序　　　(2) 降序　　　(0) 退出程序

<u>2</u>

排序后的学生信息：

================

学号	姓名	性别	年龄	C语言	英语	高数	平均分
201210409601	刘子栋	男	19	92	85	86	87.7
201210409603	杨欣悦	女	18	78	93	74	81.7
201210409602	童雨嘉	男	19	88	72	82	80.7

请选择排序字段：

----

(1) 学号　　　(2) 姓名　　　(3) 性别　　　(4) 年龄

(5)C 语言　　(6)英语　　(7)高数　　(8)平均分
(9)显示全部原始信息　　(0)退出程序

<u>2</u>
请选择排序方向：

----

(1)升序　　(2)降序　　(0)退出程序

<u>1</u>
排序后的学生信息：
================

学号	姓名	性别	年龄	C 语言	英语	高数	平均分
201210409601	刘子栋	男	19	92	85	86	87.7
201210409602	童雨嘉	女	19	88	72	82	80.7
201210409603	杨欣悦	女	18	78	93	74	81.7

请选择排序字段：

----

(1)学号　　(2)姓名　　(3)性别　　(4)年龄
(5)C 语言　(6)英语　　(7)高数　　(8)平均分
(9)显示全部原始信息　　(0)退出程序

<u>0</u>

说明：<u>加下划线</u>的内容表示用户的输入，其余内容为系统运行时自动显示。

5.1.2　知识点分析

程序处理的对象是学生，由于每个学生有姓名、性别等若干属性，所以属于复杂的数据类型，可以使用结构体处理。

学生人数确定，并且程序运行中不要求改变，可以考虑用数组加以存储。

通过实验可达到如下目标：

(1)进一步掌握数组的声明和使用。

(2)掌握结构体的声明，结构体变量的声明和赋值。

(3)掌握结构体成员的访问。

(4)掌握结构体数组的使用。

(5)使用结构体处理复杂的数据结构。

5.1.3　算法思想

(1)程序要求反复运行，直接满足特定条件(输入特定值)退出。可以通过无限循环同时设置监视哨的方式控制程序运行。

```
while(1)
{
    语句(特定条件时：break、return 或 exit)
}
```

(2)学生对象包含学号、姓名、性别等属性，因此应该定义为一个结构体。同时，其属性"成绩"包含 3 个科目的成绩：C 语言、英语、高数，故"成绩"属性为复合属性，应考虑将其定义为一个结构体。即学生结构体中嵌套另一个成绩结构体，结构如下：

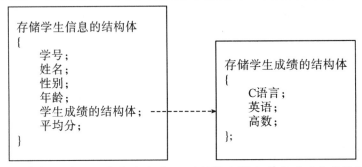

(3)学生人数确定，并且不会发生变化，可以将人数定义为宏(或者常量)：

♯define 宏符号　常量值

(4)使用数组存储学生对象：

学生信息结构体　数组名[常量值]；

(5)程序包括输入学生信息、显示操作菜单、排序、显示信息等功能，这些功能相对独立，根据结构化、模块化的编程思想，应该将它们单独编写函数。除输入学生成绩只运行一次外，其他的都应放到循环体中反复操作，直到程序中止。

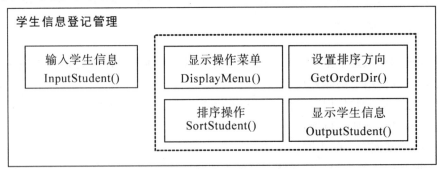

(6)程序与用户交互中有不少接收用户输入环节，如：选择操作菜单项、选择排序等，考虑到用户可能输入出错，并且可能多次出错，所以也应该设置为无限循环，当输入错误时，给予适当提示，并继续显示操作菜单，直到用户选择一个正确的交互为止。

(7)考虑到输入的学生没有排序字段(按输入的顺序)，在排序后，可能无法恢复最初的顺序。如果希望能够保持或随时恢复原来的顺序，可以给学生结构体外加一个排序的属性，或者将排序操作的结果放到新的数组中，这种方式可以认为是"保护现场"。本示例采用第 2 种方式。

(8)存储字符串类型数据时使用字符数组，特别需要注意的是：为存储字符串分配空间时，应在长度基础上加上结束标志符的存储空间。例如：学号的长度是 12 位，则其声明为：char id[13]。

(9)排序操作。经典的排序算法包括快速排序、归并排序、插入排序、冒泡排序等，由于参与排序的数据量不大，所以在时间复杂度和空间复杂度上不做过多考虑，本示例采用冒泡算法进行排序。

5.1.4　系统流程图

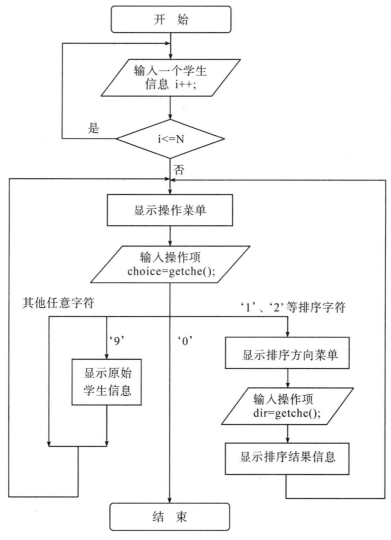

图 2-5-1　"学生信息登记管理"（数组实现）流程图

5.1.5　项目实现

项目相关代码实现及解释如下。

```
01  #include<stdio.h>
02  #include<conio.h>  //getch()函数需要
03  #include<stdlib.h>  //exit()函数需要
04  #include<string.h>  //strcmp()函数需要
05
06  #define N  3  //学生人数()
07  #define IDLen  13  //ID字段长度
08  #define NameLen  11  //姓名字段长度
09  #define SexLen  5  //性别字段长度
10
11  //存储学生成绩的结构体
12  struct Score
13  {
14      int cp;  //C语言
15      int en;  //英语
16      int math;  //高数
17  };
18
19  //存储学生信息的结构体
20  typedef struct Stu
21  {
22      char id[IDLen];  //学号
23      char name[NameLen];  //姓名
24      char sex[SexLen];  //性别
25      int age;  //年龄
26      struct Score score;  //存储成绩的结构体
27      double avg;  //平均分
28  }Student;
29
30  Student stu[N];  //存放N个学生信息的数组
31  Student sorted[N];  //存放排序后的学生
32  char choice= 0;  //用户选择的项
33  char dir= 0;  //用户排序方向(1:升序,2:降序)
34  int i;  //用于循环的变量
35
```

```
36   void InputStudent();      //输入学生信息的操作
37   void DisplayMenu();       //显示选择菜单
38   void GetOrderDir();       //显示用户选择排序方向
39   void SortStudent();    //对学生信息 stu[]进行排序,结果存入 sorted[]中
40   void OutputStudent(Student s[]);     //输出学生信息
41
42   int main()
43   {
44     InputStudent();      //输入学生信息
45     while(1)
46     {
47       DisplayMenu();      //显示菜单
48       if('0'==choice)      //选择操作"0",则退出程序
49       {
50         exit(0);
51       }
52       else if('9'==choice)      //选择操作"9",则输出全部原始信息
53       {
54         OutputStudent(stu);
55       }
56       else     //其他操作,按选定属性排序
57       {
58         GetOrderDir();      //显示用户选择排序方向
59         if('0'== dir)  exit(0);
60         SortStudent();      //排序学生信息
61         OutputStudent(sorted);      //输出学生信息
62       }
63     }
64   }
```

代码解释说明:

代码前 4 行使用 #include 语句导入相关库文件。

6—9 行将程序中用到的几个常量定义为宏。

11—17 行定义一个结构体 Score,用于存储一个同学 C 语言、英语、高数三个科目的成绩。

19—28 行定义用于存储学生信息的结构体,包括学号、姓名、性别等属性。其中,属性 score 为结构体 Score 类型。

30—34 行定义了几个程序运行中需要用到的变量。考虑到不同的函数中可能会对它们分别进行操作,所以定义在此处,作为全局变量。stu 为数组类型,用于存储全部学生信息。31 行定义的数组变量 sorted 与 stu 结构和大小完全一样,用于存放排序后的学生

信息，这样做的最大好处是保持原来输入的信息不被影响。

36—40 行是程序中的函数声明。根据结构化、模块化设计的思想，将程序功能分解为相对独立的几个功能模块，分别完成信息输入、显示操作菜单、显示排序方向菜单、排序学生、显示学生信息的功能。各功能模块之间的数据主要以全局变量的形式共享。

此外，显示学生信息的函数 OutputStudent(Student s[])为带数组参数的函数，有两个原因：一是该函数可能输出原始学生信息，也可能输出排序后的学生信息，而这两个信息分别存放在不同的数组中，考虑到输出操作功能基本相同，故共用一个函数，将数组作为参数，从而完成对不同数组的操作；二是通过本例演示一下带参的函数的声明和使用，同时给出了当程序中的一些变量如果不声明为全局变量(30—34 行)的解决方案。

42—64 行为程序的主函数。首先通过调用函数 InputStudent()完成信息输入，然后是 while 无限循环语句块。循环体中首先通过调用 DisplayMenu()函数显示操作菜单(在该函数中接受用户的输入并存储到全局变量 choice 中)，然后根据用户选择的操作(choice 的值)决定下一步操作：退出程序、显示原始输入的信息或是进行排序，如果是后者，则进一步显示排序方向选择(GetOrderDir()函数)，然后进行排序操作(SortStudent()函数)，最后输出排序结果(OutputStudent(sorted)函数)。

```
01    //输入学生信息
02    void InputStudent()
03    {
04    for(i=0;i<N;i++)
05    {
06        printf("\n 请输入第%d/%d 个学生信息:\n",i+1,N);
07        printf("------------------------------\n");
08        printf("学号(12 个字符以内):\t");
09        scanf("%s",stu[i].id);
10        stu[i].id[IDLen-1]=0;        //最后一个字符强行加一个结束符
11        printf("姓名(10 个字符以内):\t");
12        scanf("%s",stu[i].name);
13        stu[i].name[NameLen-1]=0;        //最后一个字符强行加一个结束符
14        printf("性别(4 个字符以内):\t");
15        scanf("%s",stu[i].sex);
16        stu[i].sex[SexLen-1]=0;        //最后一个字符强行加一个结束符
17        printf("年龄(整数):\t\t");
18        scanf("%d",&stu[i].age);
19        printf("《C 语言》成绩(整数):\t");
20        scanf("%d",&stu[i].score.cp);
21        printf("《英语》成绩(整数):\t");
22        scanf("%d",&stu[i].score.en);
23        printf("《高数》成绩(整数):\t");
```

```
24        scanf("%d",&stu[i].score.math);
25        stu[i].avg=(stu[i].score.cp+ stu[i].
          score.en+ stu[i].score.math)/3.0;
26        printf("-----------------------------\n");
27   }
28   //将 stu[]数组复制到操作数组 sorted[]中
29   for(i=0;i<N;i++)
30   {
31     sorted[i]=stu[i];
32   }
33   }
```

上述函数完成 N 个学生信息的输入功能，其中一个 for 循环输入一个学生信息。为了使输入清晰明了，采用逐行输入的方式。

需要说明的是，本段代码并未对用户输入数据的合法性（如长度、数据类型等）进行验证，为了确保学号、姓名等字符串不超长（即使用户输入超长也不至于造成错误），特别地在每个字符串的最后强行添加一个结束符 ' \ 0'，如 10、13、16 行。

19—24 行完成三个科目成绩的输入，请注意，成绩存储在 Student 结构体（stu[i]）的结构体属性 score 中（stu[i].score），所以以"C 语言"为例的访问方式是 stu[i].score.cp，其地址即为 &stu[i].score.cp。

第 25 行计算学生的平均分。实际上，由于三科成绩已经存储在 Student 结构体的 score 属性中，所以此处用于存储"平均分"的属性其实是可以不用的。此处加上并即时计算出平均分，主要目的在于使后面的操作（如根据平均分进行排序、查询等）简单和快捷。如果涉及总分，则同理。

28—32 行将用户输入学生原始信息同步复制一份到 sorted[]数组中，这样做的目的是为了"保护现场"，关于这一编程思路，在前面的"算法思想（7）"中有介绍，此处不再赘述。

```
01   //显示操作菜单
02   void DisplayMenu()
03   {
04     while(1){
05       printf("\n 请选择排序字段:\n");
06       printf("-------------------------------------\n");
07       printf("(1)学号\t(2)姓名\t(3)性别\t(4)年龄\n");
08       printf("(5)C 语言\t(6)英语\t(7)高数\t(8)平均分\n");
09       printf("(9)显示全部原始信息\t\t(0)退出程序\n");
10       printf("-------------------------------------\n");
11       choice=getche();
12       if((choice-'0')<0||(choice-'0')>9)
```

```
13          printf("\n 请选择正确的操作!");
14      else
15          return;
16    }
17  }
```

DisplayMenu()函数用于显示用户操作选项菜单，由于用户必须输入正确的操作才能继续，所以同样采用无限循环的方式。

第 11 行接收用户从键盘输入的一个字符，第 12 行判断该字符是否属于数字字符'0'到'9'这个范围，如果不是，则提示用户重新按键，否则结束此函数。同时，操作的正确字符已经存放到全局变量 choice 中。

```
01  //显示用户选择排序方向:1升序   2降序
02  void GetOrderDir()
03  {
04    while(1){
05      printf("\n 请选择排序方向:\n");
06      printf("-------------------------------------\n");
07      printf("(1)升序\t(2)降序\t(0)退出程序\n");
08      printf("-------------------------------------\n");
09      dir= getche();
10      if((dir-'0')<0||(dir-'0')>2)
11        printf("\n 请选择正确的操作!");
12      else
13        return;
14    }
15  }
```

GetOrderDir()函数的实现方式与 DisplayMenu()相同，这是在用户已经选定排序属性的情况下(choice 的值在'1'到'8'这个范围)，进一步确定排序方向的操作。这里规定'1'表示"升序"，'2'表示降序。

```
01  //对学生信息 stu[]进行排序,结果存入 sorted[]中
02  void SortStudent()
03  {
04    Student s;      //临时变量,用于交换
05    int j;          //循环变量
06    int f;          //是否交换:0 不交换 1 交换
07    //从索引 0 到 N-1,按排序字段的降序排列
08    //如果要求升序排列,则输出时倒序输出即可
09    for(i=0;i<N;i++)
```

```
10    {
11      for(j=N-1;j>i;j--)
12      {
13        f=0;
14        switch(choice)
15        {
16        case'1':      //学号
17          if(strcmp(sorted[i].id,sorted[j].id)< 0)
18            f=1;
19          break;
20        case'2':      //姓名
21          if(strcmp(sorted[i].name,sorted[j].name)< 0)
22            f=1;
23          break;
/* 此处省略部分 case 代码* /
44        case'8':      //平均分
45          if(sorted[i].avg<sorted[j].avg)
46            f=1;
47          break;
48        default:      //其他,错误
49          printf("错误,请选择正确操作!");
50          break;
51        }
52        if(1==f)
53        {
54          s=sorted[i];
55          sorted[i]=sorted[j];
56          sorted[j]=s;
57        }
58      }
59    }
60  }
```

　　SortStudent()函数完成对 sorted[N]数组的排序,采用冒泡算法实现。由于可能根据 8 种不同的属性进行排序,所以此处用 switch 语句根据不同的条件进行比较处理。这里有一个小的技巧:无论根据哪个属性排序,参与比较的两个学生实体可能交换,也可能不交换,所以在每个分支中做一个标记,此处用变量 f,如果需要交换,则 f 值为 1,否则为 0;这样,就不需要在每个分支中都写交换语句,而是将交换语句写在 switch 之后(52—57 行),使代码得到精简。

这段代码中还有一个技巧：对排序方向的处理。实际上，细心的读者应该留意到了，代码并未根据排序方向 dir 的值进行升序或降序的处理；而是直接进行了从数组索引 0 到 N-1 的降序排列。那么如何实现升序呢？答案其实很简单，从数组的高位往低位看即是升序！

```
01   //输出学生信息
02   void OutputStudent(Student s[])
03   {
04   printf("\n%s 的学生信息:\n=================\n",'9'==choice?"原
始":"排序后");
05   printf("学号姓名性别年龄 C 语言英语高数平均分\n");
06   printf("------------------------------------------------\n");
07   if('1'==dir)//升序
08   {
09       for(i=N-1;i>=0;i--)
10       {
11           printf("%-15s%-14s%-7s%-7d",s[i].id,
   s[i].name,s[i].sex,s[i].age);
12           printf("%-7d%-7d%-7d%4.1f\n",s[i].score.cp,
   s[i].score.en,s[i].score.math,s[i].avg);
13       }
14   }
15   else//降序,及直接显示原始学生信息
16   {
17       for(i=0;i<N;i++)
18       {
19         printf("%-15s%-14s%-7s%-7d",s[i].id,
   s[i].name,s[i].sex,s[i].age);
20         printf("%-7d%-7d%-7d%4.1f\n",s[i].score.cp,
   s[i].score.en,s[i].score.math,s[i].avg);
21       }
22   }
23   dir=0;//每次排序后,将排序方向置为"0"
24   printf("------------------------------------------------\n");
25   }
```

OutputStudent(Student s[])函数用于输出学生信息，其中 s[]是要显示学生信息数组，可能是用户输入的原始信息 stu[]，也可能是经过排序的 sorted[]数组。

8-14 行进行升序的输出，即从 sorted[]数组从高位到低位依次输出信息。

16-22 行从数组的低位向高位输入，对已经排序的 sorted[]数组则为降序输出，对原始信息 stu[]数组，则按用户输入数据的顺序正常输出。

关于输出中的格式控制此处不再赘述。

5.1.6　项目扩展

(1)如果对输入的字符长度(如学号必须是 12 位、数字构成)、类型(成绩必须是整数)、范围(成绩范围必须是 0—100)等加以合法性验证,该如何完善程序?

(2)如果要求可以根据学号、姓名等不同信息进行查询,并显示查询结果,该如何完善程序?

(3)如果增加删除功能(根据学号删除相应学生),该如何完善程序?

(4)如果学生人数不确定,即在程序运行时临时确定或根据操作人员实际输入确定。该如何处理?

(5)一次处理完成,退出程序后,再次运行程序,上一次输入的数据还在吗? 如果希望不再重新输入数据或者继续在上次处理的基础上操作,该如何处理?

5.2　火车订票系统

5.2.1　项目功能需求

火车订票系统功能需求如下:

(1)查询功能:查询车票信息,包括起始地、车次、余票和票价;

(2)订票功能:车票预订;

(3)修改功能:修改订票信息;

(4)录入管理功能:输入车票的基本信息;

(5)显示功能:将查询到的信息显示出来,供用户查看。

每个功能为一个相对独立的模块,共同形成火车订票系统的基本功能,如图 2-5-2 所示。

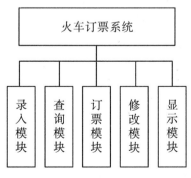

图 2-5-2　火车订票系统基本功能

要求:

火车订票系统为一个稍复杂、功能较多的实战项目,要求学生能较清楚地划分功能模块,实现车票的录入、查询、预定、修改和显示功能。

(1)程序设计的处理对象较多,至少涉及车站对象、车票对象、订票人对象等。要求能对程序用到的各种对象设计合理的数组和结构体。

（2）由于功能模块较多，要求学生从角色的角度来归类整理各种功能模块，比如从车票管理角度和客户服务角度等。实战中锻炼模块的归类能力。

（3）将各种角色和功能模块统一起来的菜单设计也是本实战的重点。菜单项如下：菜单设计中给出了两种角色，即售票服务和后台管理。图中两种管理角色分别组织各种模块操作。每个虚线框中的模块由一个菜单函数进行管理调用，表示一级菜单。图中从左到右共有三级菜单。例如一级菜单由 start() 函数调用，如果选择 1，则进入售票服务的二级菜单，由 ticketService() 函数负责显示调用。

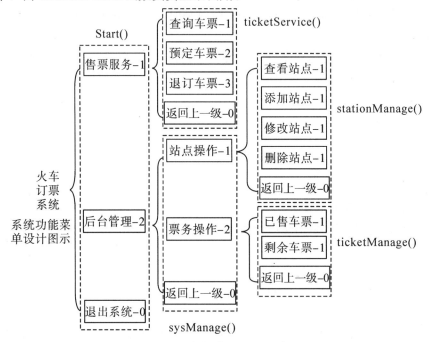

图 2-5-3　火车订票系统功能菜单设计

运行效果（在控制台下运行示例）如下所示。

(1)程序第一次运行效果。

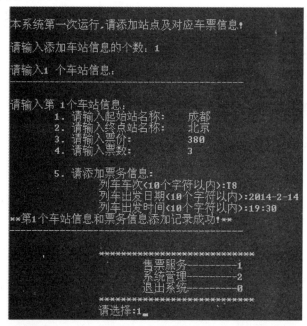

(2)查询车票信息效果。

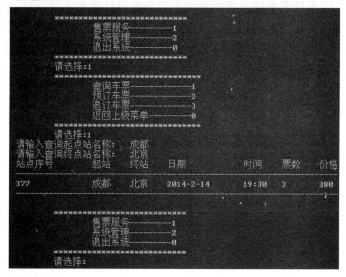

5.2.2　知识点分析

　　程序处理的对象是车站、车票、订票人。每个对象有多个属性，属于复杂的数据类型，因此使用结构体处理。由于三种对象的数量众多，程序中用结构体数组加以存储。

　　为了便于直接得到每种对象在数组中的存储数量，设置一个计数变量 count，表示计数对象在数组中的个数。因此，程序设计一个辅助结构体，其成员变量为存储三种对象的结构体数组和计数器 count。

　　通过实验达到如下目标：

　　(1)掌握结构体的声明，结构体变量的声明和赋值。

　　(2)掌握结构体数组的声明和使用。

　　(3)为了计数结构体对象，掌握带计数器的辅助结构体的声明、使用，理解其作用。

　　(4)掌握结构体成员的访问。

　　(5)使用结构体处理复杂的数据结构。

　　(6)掌握C++的引用。

5.2.3　系统设计思想

　　(1)火车订票系统总体结构。

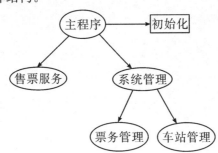

图 2-5-4　订票系统总体结构设计

　　图 2-5-4 是从火车订票系统具有的两个主要角色设计出的系统总体结构图，从图中可以看出，主程序经过初始化工作后，将系统任务交给售票服务模块和系统管理模块完成。其中售票服务模块将对订票用户服务，系统管理模块将对票务和车站进行相关的管理。它们构成整个火车订票系统的全部功能。以下为客户售票服务模块、车站管理模块和票务管理模块的分解。

　　(2)售票服务模块。

图 2-5-5　售票服务模块

　　售票服务模块负责对订票客户提供车票查询、订票和退票等相关功能，对于订票和退票造成的票务变化，要及时交由票务管理进行处理，以及时更新余票数量等信息。

　　(3)车站管理模块。

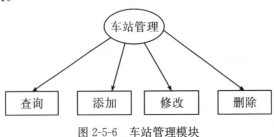

图 2-5-6　车站管理模块

车站管理模块负责对火车站点和线路的查询、添加、修改和删除等功能。注意，对车站的添加、删除、修改操作，要对客户的车票服务产生影响，比如增加了一个站点，那么客户服务中就会有新的火车线路供用户选择订票等。

(4) 票务管理模块。

图 2-5-7 票务管理模块

票务管理模块负责火车票的销售和待售情况的查询，方便用户根据待售情况进行火车票预订。另外，添加、修改和删除等功能，随着站点和用户订票、退票等操作被频繁使用，以更新票务到最新状态。

(5) 程序要求反复运行，直到用户菜单选择退出。主程序很简单，通过无限循环反复调用 start() 函数使得程序运行。注意使用逻辑清晰、简洁的代码。

```
while(1){
    start();
}
```

(6) 站点对象包含车票对应的车站编号、火车起点、终点信息，票价和剩余票数等属性，因此应该定义为一个结构体，如下：

```
火车站点结构体
{
    车站编号;
    车票起点;
    车票终点;
    票价;
    余票数;
};
```

(7) 由于存在多个车站对象，因此设计结构体数组加以存储。但若直接使用数组，不便得到已存储的车站对象的数量。如果设置一个计数变量 count，存放在结构体数组中的对象个数，每次访问这个变量就可以知道对象的数量。因此需要设计一个辅助结构体，其成员变量为存放车站对象结构体数组和计数器，辅助结构体设计如下：

```
火车站点辅助结构体
{
    站点结构体[常量值];
    计数器;
}
```

程序包括系统管理、站点管理、票务管理、票务服务等功能，根据结构化、模块化的编程思想，将这四大功能分别用四个源程序文件组织，外加一个主文件进行四大功能的调用。头文件包括所有库文件的导入、常量和结构体的定义、模块所需函数申明，即接口定义。程序文件组织如下：

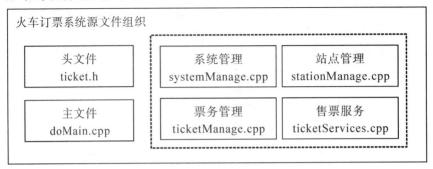

图 2-5-8　程序文件组织

5.2.4　系统流程图

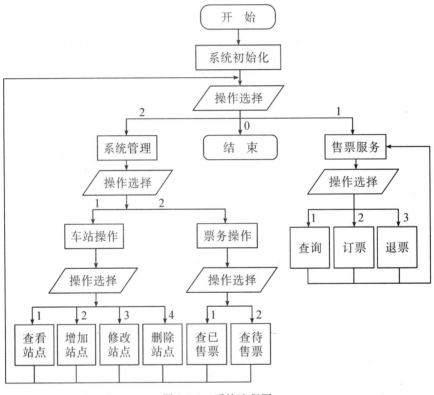

图 2-5-9　系统流程图

5.2.5　项目实现

1. 头文件 ticket. h

```
01  #ifndef _TICKET_H
02  #define _TICKET_H
```

```
03
04   #include<stdio.h>
05   #include<stdlib.h>
06   #include<string.h>
07   #include<time.h>
08   #include<conio.h>
09
10   #define STATION_NUM 100              //车站数
11   #define TICKET_NUM 1000              //车票数
12   #define STR_LEN 10                 //字符数组的长度
13
14   typedef struct{
15     int stationId;                     //车站号
16     char from[STR_LEN];                //车票起点
17     char to[STR_LEN];                  //车票终点
18     int money;                        //票价
19     int numbers;                      //票数
20   }StationInfo;                    //车站票务信息
21
22   typedef struct{
23     StationInfo station[STATION_NUM];     //结构体数组
24     int count;                         //计数器
25   }Station;
26
27   typedef struct{
28     int stationTd;                      //车站号
29     int seatId;                //座位号,与票数相关
30     int ticketId;                      //车票编号
31     char trainId[STR_LEN];             //火车车次
32     char date[STR_LEN];                //出发日期
33     char time[STR_LEN];                //出发时间
34   }TicketInfo;                     //车票信息
35
36   typedef struct{
37     TicketInfo ticket[TICKET_NUM];
38     int count;
39   }Ticket;
40
```

```
41  typedef struct{
42    int autoId;                              //随机生成的订票号,退票使用
43    char name[STR_LEN];                              //订票人姓名
44    TicketInfo ticketInfo;
45  }Bookinfo;                                      //定票信息
46
47  typedef struct{
48    Bookinfo book[TICKET_NUM];
49    int count;
50  }Book;
51
52  /* 主调模块文件 doMain.c 用到的函数模块* /
53  void start(int &flag);                          //系统开始函数
54  void initialize(Station &station,Ticket &ticket);
55
56  /* 系统管理模块文件 systemManage.c 用到的函数模块* /
    //系统管理
57  void systemManage(Station &station,Ticket &ticket,
                        Book &book,int &flag);
58
59  /* 站点管理模块文件 stationManage.c 用到的函数模块* /
60  void addStation(Station &station,Ticket &ticket,int i);//添加车站
61  void printStation(Station &station);                  //显示车站信息
62  void stationManage(Station &station,Ticket &ticket,      //站点管理
    Book &book,int &flag);
63  void updateStation(Station &station,Ticket &ticket);   //更新车站信息
64  void updateTicketPrice(Station &s,int stationId);   //更新车票价格
    //更新车票数量
65  void updateTicketNum(Station &s,int stationId,Ticket &t);
66
67  /* 票务管理模块文件 ticketManage.c 用到的函数模块* /
    添加车票信息
68  void addTicket(int stationId,int count,Ticket &ticket);
    //删除车站对应的车票信息
69  void deleteTicket(int stationId,Ticket &ticket);
70  void showOnsaleTickets(Station &station); //显示待售车票
71  void showSaledTickets(Book b);                  //显示已售车票
    //票务管理
```

```
72    void ticketManage (Station &station,Ticket &ticket,
                         Book &book,int &flag);
73
74    /* 客户票务服务模块文件 ticketServices.c 用到的函数模块 * /
75    void ticketBook(Book &book,Ticket &ticket,Station &s);  //订票
      //添加订票信息
76    void addBookInfo(Book &b,Ticket &t,int stationId,int bookNum);
77    void ticketInquire(Station s,Ticket ticket);       //查询票务信息
      //票务服务
78    void ticketServices(Station &s,Ticket &t,Book &b,int &flag);
79    #endif
```

　　1，2，79 行为预处理功能中的条件编译，目的是防止头文件的重复包含和编译。4—8行导入相关库文件。10—12 行为程序中用到的几个符号常量的宏定义。

　　14—20 行定义车站信息结构体 StationInfo，用于存储车票对应的车站编号、火车起点、终点信息，票价和剩余票数等属性。22—25 行定义车站辅助结构体 Station，包括存放车站对象结构体数组和计数器等属性。

　　27—50 行分别定义了车票信息结构体、订票信息结构体及其辅助结构体。对订票结构体而言，其中一成员又是车票信息结构体。这种方式的定义解释具体参见 5.1 节，这里不再赘述。结构体中的相关属性含义请参见代码注释。52—78 行是程序中的函数声明，分别按照系统管理、站点管理、票务管理、票务服务和主调五个大模块进行划分和声明。

　　这种在头文件中定义程序的各功能模块接口的思想很重要，希望学生掌握。各功能模块的具体含义请参见代码注释。各功能模块之间的数据主要以全局变量的形式共享使用，具体就是三个对象的共享，即车站、车票和订票对象。

2. 主调模块实现文件 doMain.cpp

```
01    #include"ticket.h"
02
03    Station station;
04    Ticket ticket;
05    Book book;
06    int flag= 1;
07
08    void initialize(Station &station,Ticket &ticket){
09        station. count=0;
10        ticket. count=0;
11        book. count=0;
```

```
12  }
13
14  void start(int&flag){
15    int option;
16    if(flag){
17      int i=0;                          //第一录入车站信息的个数
18      printf("\n 本系统第一次运行,请添加站点及对应车票信息! \n");
19      initialize(station,ticket);
20      printf("\n 请输入添加车站信息的个数:");
21      scanf("%d",&i);
22      if(i>0){
23        addStation(station,ticket,i);
24        flag=1;
25      }else start(flag);
26    }
27    printf("\n");
28    printf("\t\t**********************\n");
29    printf("\t\t\t 售票服务---------1\n");
30    printf("\t\t\t 系统管理---------2\n");
31    printf("\t\t\t 退出系统---------0\n");
32    printf("\t\t**********************\n");
33    printf("\t\t 请选择:");
34    scanf("%d",&option);
35    switch(option){
36    case 1:
37      ticketServices(station,ticket,book,flag);
38      flag=0;
39      break;
40    case 2:
41      systemManage(station,ticket,book,flag);
42      flag=0;
43      break;
44    case 0:
45      printf("谢谢你的使用! \n");
46      exit(0);
47      break;
48    default:
49      printf("\n 选择出错! \n");
```

```
50      flag=0;
51      start(flag);
52      break;
53    }
54  }
55
56  int main(){
57    srand((unsigned)time(NULL));                        //随机种子
58    while(1)start(flag);
59    return 0;
60  }
```

3—5 行为车站、车票和订票三个对象的全局定义，方便各功能模块使用，声明了三个订票系统用到的对象，即车站、车票和订票对象。第 6 行 flag 变量用于判断是否第一次运行订票系统。8—12 行为系统初始化，即将每个对象的存储个数置为 0。14—54 行为 start()函数，56—60 为主调函数，第 57 行为随机种子生成，第 58 行循环调用唯一的start()函数，执行整个订票系统功能。在 start()函数中，16—26 行为程序第一次运行时执行，主要在第 9 行进行系统初始化工作和第 23 行添加相应的站点和票务信息。28—53行为主菜单设计和运用，具体就是两种角色的运用。第 37 行执行票务客户服务功能，第41 行执行系统管理功能。

3. 系统管理功能模块实现文件 systemManage.cpp

```
01  # include"ticket.h"
02  //系统管理菜单
03  void systemManage(Station&station,Ticket&ticket,
                      Book&book,int&flag){
04    int option;
05    printf("\t\t*********************\n");
06    printf("\t\t\t 站点操作-----------1\n");
07    printf("\t\t\t 票务操作-----------2\n");
08    printf("\t\t\t 返回上一级菜单-----0\n");
09    printf("\t\t*********************\n");
10    printf("\t\t 请选择:");
11    scanf("%d",&option);
12    switch(option){
13    case 1:
14      stationManage(station,ticket,book,flag);
15      break;
16    case 2:
```

```
17      ticketManage(station,ticket,book,flag);
18      break;
19   case 0:
20      start(flag);
21      break;
22   default:
23      printf("\n 选择出错! \n");
24      systemManage(station,ticket,book,flag);
25      break;
26    }
27  }
```

整个文件只有一个功能函数 systemManage（Station&station，Ticket&ticket，Book&book，int&flag），主要负责系统管理功能菜单的创建和调用。形参 Station&station，Ticket&ticket，Book&book 分别为 Station 对象，Ticket 对象和 Book 对象的引用。对 C++引用不熟悉的学生请参考本实战的基础知识部分。5—26 行为系统管理菜单的设计和运用，第 14 行执行站点管理功能，第 17 行执行票务管理功能。

4. 站点管理功能模块实现文件 stationManage .cpp

```
01  # include"ticket.h"
02  //车站管理
03   void stationManage (Station&station,Ticket&ticket,Book&book,
                          int&flag){
04   int option,i= 0;
05   printf("\t\t*********************\n");
06   printf("\t\t\t 查看车站信息-----------1\n");
07   printf("\t\t\t 添加车站信息----------2\n");
08   printf("\t\t\t 修改车站信息----------3\n");
                                      //要求修改票价和余票量
09   printf("\t\t\t 删除车站信息----------4\n");
10   printf("\t\t\t 返回上一级菜单---------0\n");
11   printf("\t\t*********************\n");
12   printf("\t\t 请选择:");
13   scanf("%d",&option);
14   switch(option){
15   case 1:
```

```
16      printStation(station);
17      break;
18    case 2:
19      printf("\n请输入添加车站信息的个数:");
20      scanf("%d",&i);
21      printf("%d\n",i);
22      if(i>0)addStation(station,ticket,i);
23      break;
24    case 3:
25      updateStation(station,ticket);
26      break;
27    case 4:
28      deleteStation(station,ticket);
29      break;
30    case 0:
31      systemManage(station,ticket,book,flag);
32      break;
33    default:
34      printf("\n选择出错! \n");
35      break;
36    }
37  }
38
39  void addStation(Station&s,Ticket&t,int snum){        //添加站点
40  //snum:添加车站的数量
41    int i=s.count;
42    int end=s.count+ snum;
43    printf("\n请输入%d个车站信息:\n",snum);
44    for(;i<end;i++){
45      printf("---------------------------\n");
46      printf("\n请输入第%d个车站信息:\n",i+1);
47      printf("\t1.请输入起始站名称:\t");
48      scanf("%s",s.station[i].from);
49      printf("\t2.请输入终点站名称:\t");
```

```
50      scanf("%s",s.station[i].to);
51      printf("\t3.请输入票价:\t\t");
52      scanf("%d",&s.station[i].money);
53      printf("\t4.请输入票数:\t\t");
54      scanf("%d",&s.station[i].numbers);
55      s.station[i].stationId=rand()%1000;
56      printf("\n\t5.请添加票务信息:\n");
57      addTicket(s.station[i].stationId,s.station[i].numbers,t);
58      printf("** 第%d个车站信息和票务信息添加记录成功! ** \n",i+1);
59      printf("-------------------------\n");
60      s.count++;
61    }
62  }
63
64  void printStation(Station&s){          //函数功能:打印站点信息
65    int i;
66    printf("\n\t\t 车站编号\t 起站\t 终站\t 票价\t 剩余票数\n");
67    printf("\t\t-----------------------\n");
68    for(i=0;i<s.count;i++){
69      if(! s.station[i].stationId){
70        printf("无车站信息! \n");
71        break;
72      }
73      printf("\t\t%d\t%s\t%s\t%d\t%d\n",
    s.station[i].stationId,s.station[i].from,
    s.station[i].to,s.station[i].money,
    s.station[i].numbers);
74      printf("\t\t----------------------\n");
75    }
76  }
77  void updateStation(Station&s,Ticket&t){          //更新车站信息
78    int stationId;
79    printStation(s);
80    printf("\n\t\t 选择要修改的车站序号:");
81    scanf("%d",&stationId);
84  }
```

　　站点管理功能模块负责站点的相关操作，比如站点信息的查看，站点信息的增加、删除和修改等。stationManage（Station&station，Ticket&ticket，Book&book，int&flag)给出站点管理功能菜单，形参的解释参见系统管理功能模块实现文件 systemManage .cpp的说明部分。5－36 行为站点管理菜单的设计和运用，第16 行调用 printStation(Station&s) 函数显示站点信息，查询余票还会用到此函数。第 22 行调用 addStation (Station&s，Ticket&t，int snum)函数，实现新站点的添加工作。第 25，28 行为更新和删除一个站点信息。下面重点解释显示站点信息功能实现和添加站点信息功能实现。

　　调用 printStation(Station&s)函数显示站点信息。这里可以看到辅助站点信息结构体 Station 的作用。第 68 行根据结构体 Station 中的计数器 count，对成员结构体数组 StationInfo[]遍历，在第 73 行打印所有的站点信息。通过这个函数，熟悉对辅助结构体 Station 的使用。

　　调用 addStation(Station&s，Ticket&t，int snum)函数，实现新站点的添加工作。其中形参 snum 为添加站点的数量。41－42 行，设置添加 snum 个站点在 Station 结构体的成员结构体数组 StationInfo[]中的起止位置。44－61 行将新添加 snum 个站点的信息，并且每添加一个站点，第 60 行将站点计数器加 1。第 55 行利用随机值给站点编号赋值。

　　第 57 行 addTicket(s. station[i]. stationId，s. station[i]. numbers，t) 函数利用站点编号 stationId 和对应的车票数量 numbers 添加票务信息，此函数的具体用法请见 ticketManage .cpp文件的说明部分。

5. 票务管理功能模块实现文件 ticketManage .cpp

```
01   #include"ticket.h"
02   //车票管理
03    void  ticketManage（Station&station，Ticket&ticket，Book&book，
                          int&flag){
04    int option;
05    printf("\t\t*********************\n");
06     printf("\t\t\t 已售车票----------1\n");
07     printf("\t\t\t 剩余车票----------2\n");
08     printf("\t\t\t 返回上一级菜单----0\n");
09    printf("\t\t*********************\n");
10    printf("\t\t 请选择:");
11    scanf("%d",&option);
12    switch(option){
13     case 1:
14       showSaledTickets(book);
15        break;
16     case 2:
17       showOnsaleTickets(station);
```

```
18          break;
19        case 0:
20          systemManage(station,ticket,book,flag);
21          break;
22        default:
23          printf("\n 选择出错！\n");
24          ticketManage(station,ticket,book,flag);
25          break;
26      }
27    }
28
29   void addTicket(int stationId,int number,Ticket&t){  //添加车票信息
30     int i=t.count;
31     int end=t.count+ number;
32     char trainId[STR_LEN],date[STR_LEN],time[STR_LEN];
33     printf("\t\t 列车车次(%d 个字符以内):",STR_LEN);
34     scanf("%s",trainId);
35     printf("\t\t 列车出发日期(%d 个字符以内):",STR_LEN);
36     scanf("%s",date);
37     printf("\t\t 列车出发时间(%d 个字符以内):",STR_LEN);
38     scanf("%s",time);
39     for(;i<end;i++){
40       t.ticket[i].stationId=stationId;
41       t.ticket[i].seatId=rand()/100;
42       t.ticket[i].ticketId=rand()% 10000;
43       strcpy(t.ticket[i].date,date);
44       strcpy(t.ticket[i].time,time);
45       strcpy(t.ticket[i].trainId,trainId);
46       t.count++;
47     }
48   }
49
50   void deleteTicket(int stationId,Ticket&t){   //删除站点对应的车票信息
51     int i,j;
52     for(i=0;i<t.count;i++){
53       if(t.ticket[i].stationId==stationId){
54         for(j=i;j<t.count;j++)
55           t.ticket[j]=t.ticket[j+1];
```

```
56        }
57      }
58    }
59
60    void showSaledTickets(Book b){                    //显示已售车票
61      int i;
62      printf("\t\t 售票情况如下:\n");
63      printf("\t\t----------------------\n");
64      printf("\t\t 订票号\t 车次\t 出发日期\t 出发时间\t 座号\t 订票人\n");
65      printf("\t\t----------------------\n");
66      for(i=0;i<b.count;i++){
67        printf("\t\t%d\t%s\t%s\t%s\t%d\t%s\n",b.book[i].autoId,
68    b.book[i].ticketInfo.ticketId,b.book[i].ticketInfo.date,
69        b.book[i].ticketInfo.time,b.book[i].ticketInfo.seatId,
70    b.book[i].name);
71        printf("\t\t----------------------\n");
72      }
73    }
74
75    void showOnsaleTickets(Station&s){                //显示待售车票
76      printStation(s);
77      getch();
78    }
```

　　票务管理功能模块负责车票的相关操作，比如车票信息的查看，包括待售车票和已售车票信息，车票信息的增加、删除等。3—27 行利用 ticketManage(Station&station, Ticket&ticket，Book&book，int&flag)函数给出票务管理功能菜单。

　　添加车票信息函数 addTicket(int stationId，int number，Ticket&t)，形参 stationId 为车站编号，number 为需要添加的车票数量，t 为 Ticket 结构体的引用。30—31 行，设置添加 number 张车票在 Ticket 结构体的成员结构体数组 TicketInfo[]中的起止位置。33 —38 行分别输入车票的车次、出发日期和时间。39—47 行循环添加 number 张车票信息，并将之放在 TicketInfo[]的相应位置。每添加一张车票信息，第 46 行都会将车票计数器加 1。

　　删除站点对应的车票信息将利用 deleteTicket(int stationId，Ticket&t)函数，根据给定的站点编号，删除相应的票务信息。第 52 行循环变量票务数组 TicketInfo[]，第 53 行找出其中车票对应的车站编号 stationId 和给定的车站编号相同的记录，54—55 行为删除对应的车票信息。这里涉及元素在数组中的移动，即从删除位置起，后面的元素依次替换前面相邻的元素。

　　显示已售车票利用 showSaledTickets(Book b)函数，根据订票结构体 Book 存储的内容，找到已售车票信息。具体体现在 66—72 行，根据计数器 count，循环遍历订票信息数组 BookInfo[]，打印出所有的订票信息。

　　显示待售车票信息利用函数 showOnsaleTickets(Station&s)实现，显示待售车票的实质就是显示对应车站的站点信息。第 76 行调用 printStation(Station&s)函数显示站点待售车票信息。printStation(Station&s)函数的使用请见 stationManage .cpp文件的说明部分。

6. 售票服务功能模块实现文件 ticketServices .cpp

```
01   #include"ticket.h"
02   //售票服务
03   void ticketServices(Station&s,Ticket&t,Book&b,int&flag){
04     int option;
05     printf("\t\t**********************\n");
06     printf("\t\t\t 查询车票------------1\n");
07     printf("\t\t\t 预订车票------------2\n");
08     printf("\t\t\t 退订车票------------3\n");
09     printf("\t\t\t 返回上级菜单---------0\n");
10     printf("\t\t**********************\n");
11     printf("\t\t 请选择:");
12     scanf("%d",&option);
13     switch(option){
14     case 1:
15       ticketInquire(s,t);
16       break;
17     case 2:
18       ticketBook(b,t,s);
19       break;
20     case 3:
21       //退票服务;
22       break;
23     case 0:
24       flag=0;
25       start(flag);
26       break;
27     default:
28       printf("\n 选择出错！\n");
29       ticketServices(s,t,b,flag);
30       break;
```

```
31       }
32    }
33
34    void ticketInquire(Station s,Ticket t){          //查询车票
35       int i,k,j=0;
36       char from[STR_LEN],to[STR_LEN];
37       char time[STR_LEN],date[STR_LEN],
              begin[STR_LEN],end[STR_LEN];
38       int numbers,money,stationId;
39       printf("\t 请输入查询起点站名称:\t");
40       scanf("%s",from);
41       printf("\t 请输入查询终点站名称:\t");
42       scanf("%s",to);
43       printf("\t 站点序号\t 起站\t 终站\t 日期\t\t 时间\t 票数\t 价格\n");
44       printf("\t------------------------\n");
45       for(i=0;i<s.count;i++){
46         if(strcmp(s.station[i].from,from)==0&&
              strcmp(s.station[i].to,to)==0){
47           stationId=s.station[i].stationId;
48           numbers=s.station[i].numbers;
49           money=s.station[i].money;
50           strcpy(begin,from);
51           strcpy(end,to);
52           for(k=0;k<t.count;k++){
53             if(t.ticket[k].stationId==stationId){
54               strcpy(time,t.ticket[k].time);
55               strcpy(date,t.ticket[k].date);
56               j++;
57               break;
58             }
59           }
60         }
61       if(j)break;
62     }
63     printf ("\t%d\t\t%s\t%s\t%s\t%s\t%d\t%d\n",stationId,begin,
              end,date,time,numbers,money);
64
65     printf("\t------------------------\n");
```

```
66
67  }
68  //根据 stationId 订购车票
69  void ticketBook(Book&b,Ticket&t,Station&s){
70     int i,stationId,bookNum;
71     printStation(s);
72     printf("\t\t 请输入订票的车站编号:");
73     scanf("%d",&stationId);
74     printf("\t\t 请输入订票数量:");
75     scanf("%d",&bookNum);
76     for(i=0;i<s.count;i++){
77       if(s.station[i].stationId==stationId&&
           s.station[i].numbers>=bookNum){
78        addBookInfo(b,t,stationId,bookNum);
79        //订票成功以后,剩余车票数量减去订票数量
80        s.station[i].numbers- =bookNum;
81       }
82     }
83  }
84  //添加订票信息
85  void addBookInfo(Book&b,Ticket&t,int stationId,int bookNum){
86     int j,i=b.count,end=b.count+bookNum;
87     for(;i<end;i++){
88       b.book[i].autoId=rand()%10000;
89       printf("\t\t 订票人姓名(%d 个字符以内):",STR_LEN);
90       scanf("%s",b.book[i].name);
91       printf("\t\t%s 的订票号为%d:\n",
               b.book[i].name,b.book[i].autoId);
92       for(j=0;j<t.count;j++){
93         if(t.ticket[j].stationId==stationId){
94           strcpy(b.book[i].ticketInfo.date,t.ticket[j].date);
95           strcpy(b.book[i].ticketInfo.time,t.ticket[j].time);
96           strcpy(b.book[i].ticketInfo.trainId,
t.ticket[j].trainId);
97           b.book[i].ticketInfo.ticketId=t.ticket[j].ticketId;
98           b.book[i].ticketInfo.seatId=t.ticket[j].seatId;
99           b.book[i].ticketInfo.stationId=t.ticket[j].stationId;
100        }
```

```
101        }
102        b.count++;
103
104    }
105 }
```

票务管理功能模块负责为客户生成售票界面、客户查询车票、客户订票等操作。

3—32 行利用 ticketServices(Station&s，Ticket&t，Book&b，int&flag)函数给出票务服务功能菜单。第 15 行执行票务查询功能，第 18 行执行订票功能，第 21 行为退票功能，但这里没有实现，作为项目扩展留给学生完成。

函数 ticketInquire(Station s，Ticket t)实现票务查询功能，这里只实现按照火车起点和终点查询车票，其余查询条件作为项目扩展，留给学生练习。39—42 行为客户查询输入，即输入火车的起点和终点。45—62 行为查询主体，第 45 行则将遍历整个车站信息，第 46 行比较每个车站信息的起点和终点是否和输入的起点和终点相同，如果比较结果相同，47—51 行将查询到的值存入相应变量，等待最后输出。52—59 行的循环是为了找出对应站点编号的车票信息(时间和日期)，因为时间和日期的信息存放在车票信息结构体中。找出时间和日期的关键要用到车站编号，这里可以学习利用内外键关联，联系两个结构体的信息。第 63 行为输出查询到的车票信息。

函数 ticketBook(Book&b，Ticket&t，Station&s)实现用户根据车站编号(station-Id)订票的功能。第 71 行首先显示出车站的全部车票，方便用户选择购票。72—75 行为用户输入的购买条件。76—82 行为根据用户的订票条件订票的过程。首先在第 76 行遍历所有的车站信息，第 77 行比较遍历的车站信息的车站编号(stationId)和车站的余票数量(numbers)是否和用户的订票条件相同，如果相同，则在第 78 行调用函数 addBookInfo(Book&b，Ticket&t，int stationId，int bookNum)预订车票。订票成功后，第 80 行减少当前车站信息中的余票，即将当前余票数量减去订票数量作为最新的余票数量。

调用函数 addBookInfo(Book&b，Ticket&t，int stationId，int bookNum)将订票信息写入订票信息结构体数组中。形参 stationId 为车站编号，bookNum 为订票数量。第 86 行变量 i 确定订票信息将添加在订票信息结构体数组 BookInfo[]的初始位置，变量 end 确定所订的最后一张票的信息添加在订票信息结构体数组 BookInfo[]的位置。87—104 为添加 bookNum 个订票信息到订票信息结构体数组 BookInfo[]的过程。第 88 行随机生成订票号，第 90 行需要用户输入订票人姓名，92—103 行遍历票务结构体数组 TicketInfo[]，是为了确定订票的相关信息。第 93 行给出订票的票务信息来自的条件为：票务的车站编号和订票输入的车站编号是相同的。然后 94—99 行将需要的属性从票务结构体数组 TicketInfo[]中取出，赋值给订票相应的属性变量。第 102 行为订票后，执行订票信息计数器加 1 操作。

5.2.6　项目扩展

(1)如果对输入数据的长度、类型等加以合法性验证，该如何完善程序？

(2)上述程序只能按照起点站、终点站查询预订车票，如果要求可以根据日期、时间、车票数进行预订，该如何完善程序？

（3）请完善退票功能。

（4）程序中涉及的数组，无论是普通数组还是结构体数组，都是固定长度的，即数组为静态数组。这个在程序运行时，有什么潜在问题，如何避免？请考虑如何使用动态数组？

（5）程序每次退出后再次运行，为什么都需要初始化工作？如果希望继续前次工作，该如何处理？

5.3　拓展项目

（1）日期计算。

定义一个结构体变量（包括年、月、日）。编写一个函数 days，计算该日期在本年中是第几天（注意闰年问题）。由主函数将年、月、日传递给 days 函数，计算之后，将结果传回到主函数输出。

（2）约瑟夫问题。

N 个人围成一圈，从第一个开始报数，第 k 个退出；再从 1 开始报数，依次循环，直到最后一个人。

要求：①程序运行时，N 为一个常量。②用户依次输入每个人的信息。③每个人的信息包括：姓名、性别、年龄、编号、密码（用于向后数数）等。

（3）图书信息系统。

有 N 本图书，图书属性包括：书名、作者和单价信息，并按下面要求完成对各种图书的相关操作：①图书数量 N 为一个确定数值，并要求在程序首部通过宏声明。②书名等图书属性的数据类型及长度请根据生活实际自行定义。③编写一个 InputBook() 函数，从键盘上接收输入的图书信息并保存到图书结构体数组中。④分别编写函数 Show()、Sort() 完成显示和根据不同属性排序功能。

（4）电话号码管理系统。

建立 100 个人的电话号码薄信息。其中：①编号：code，整型。②姓名：name，不超出 10 个字符。③电码号码：tel，不超出 15 个字符。

要求：①任何常量数字（如"100"）在整个程序中只能出现 1 次（数字 1、0 除外）。②从键盘上输入这 100 个联系人的信息。③输出每个联系人的信息（每个人的信息单独占一行，各属性之间用"\t"分隔）。

（5）《C 语言程序设计》成绩管理系统。

《C 语言程序设计》成绩管理系统中需要记录学生如下信息：①学号：12 位数字组成的字符串，长度固定。②姓名：不超出 10 个字符。③年龄：整型。④C 语言课程的成绩：允许带一位小数。

现在要求如下：①从键盘上接收 N 个学生信息，N 为一个确定数值，并要求在程序首部通过宏声明。②自定义函数 createdata() 完成，每调用一次，表示输入一个学生信息。注：函数是否带参数不作统一要求。③自定义一个函数 FindMaxScore()，功能是：

从学生信息中查找分数最高的学生信息，并返回该学生信息。④自定义函数 Search-ByName(char *name)，功能是：根据用户输入的姓名查询是否有学生，如果有，则显示查到的学生信息，否则提示没有找到。⑤第一次初始化学生信息后，可以反复进行查找最高分、根据姓名查询等操作，直到用户选择"退出"才终止程序执行。

实战 6 指针及应用

指针也是一个变量，只不过该变量中存储的是另一个对象的内存地址。

C 语言的优势及其自由性，很大部分体现在其灵活的指针运用上。因此，说指针是 C 语言的灵魂，一点都不为过。

由于指针与内存、地址密切相关，所以也给广大初学者带来很大的困难。本实战旨在通过几个典型项目，帮助读者理解和掌握 C 语言指针的基本应用和使用，为进一步深入学习打开一扇门。

6.1 约瑟夫(Joseph)问题(指针)

约瑟夫问题在 4.1 节中有详细描述，并通过数组实现。所不同的是，在 4.1 节中，参与游戏的人员数量是确定的，每次数的数是确定的。

现在需要增加复杂度，要求：人员数量不确定，每次数的数由上一个出列的人决定(此处定义为"退出密码")。如何实现呢？实际上，指针和链表的使用可以帮助我们很好地处理这一问题。

6.1.1 项目功能需求

任意 N 个人围成一圈，每个人有一个密码 k(整数)；从第一个人(其密码为 k1)开始往后计数，数到第 k1 个人退出；接着，将退出者的密码 k2 作为下一个退出的依据，继续从下一个人开始计数，数到第 k2 个人退出；退出者的密码再作为下一个退出的依据……依次循环，直到全部人员出列。

要求：

(1)人数 N 不确定，用户可以输入任意个人。

(2)用户分别依次输入任意个人名，同时输入每个人的密码 k。

(3)用单向、循环链表处理。

(4)输入完成后，给出操作菜单让用户选择操作，菜单项如下：

```
请选择操作：
=========================
(1) 显示信息
(2) 重新输入每个人的密码
(3) 开始"数 N 退出"游戏
(4) 退出程序
=========================
```

　(5)此操作可以反复进行，直到用户选择"退出程序"。

　　下框是程序运行效果示例（说明：<u>加下划线</u>的内容表示用户的输入，其余内容为系统运行时自动显示）。

```
请输入第 1 个人的信息,输入 exit 结束:
人名(≤20 个字符):刘子栋
密码(整数):3
请输入第 2 个人的信息,输入 exit 结束:
人名(≤20 个字符):童雨嘉
密码(整数):5
请输入第 3 个人的信息,输入 exit 结束:
人名(≤20 个字符):杨欣悦
密码(整数):2
请输入第 4 个人的信息,输入 exit 结束:
人名(≤20 个字符):王子濠
密码(整数):3
请输入第 5 个人的信息,输入 exit 结束:
人名(≤20 个字符):exit
请选择操作:
========================
(1)显示信息
(2)重新输入每个人的密码
(3)开始"数 N 退出"游戏
(0)退出程序
========================
1
当前链表信息如下:
========================
1:     刘子栋   3
2:     童雨嘉   5
3:     杨欣悦   2
4:     王子濠   3
========================
请选择操作:
========================
(1)显示信息
(2)重新输入每个人的密码
(3)开始"数 N 退出"游戏
(0)退出程序
```

```
========================
3
游戏处理结果:
========================

第 1 个退出者:杨欣悦
第 2 个退出者:刘子栋
第 3 个退出者:童雨嘉
第 4 个退出者:王子濠

========================
请选择操作:
========================

(1) 显示信息
(2) 重新输入每个人的密码
(3) 开始"数 N 退出"游戏
(0) 退出程序

========================
2
请重新输入每个人的密码:
========================

刘子栋:2
童雨嘉:4
杨欣悦:1
王子濠:3

========================
请选择操作:
========================

(1) 显示信息
(2) 重新输入每个人的密码
(3) 开始"数 N 退出"游戏
(0) 退出程序

========================
3
游戏处理结果:
========================

第 1 个退出者:童雨嘉
第 2 个退出者:杨欣悦
第 3 个退出者:王子濠
第 4 个退出者:刘子栋
```

```
========================
请选择操作：
========================
(1)显示信息
(2)重新输入每个人的密码
(3)开始"数 N 退出"游戏
(0)退出程序
========================
0
```

6.1.2　知识点分析

程序处理的对象是游戏者，每个游戏者有姓名、密码等属性，属于复杂数据类型，因此使用结构体处理。

由于参与游戏人数不确定，不能使用数组来存储游戏者信息，这是与项目 4.1 的区别所在。这里需要动态分配存储空间来达到存储游戏者信息的目的，考虑使用单向、循环链表实现。C 语言中链表的实现显然要用到指针。

通过实验可达到如下目标：

(1)进一步掌握结构体的声明和使用。

(2)掌握指针的声明、初始化和赋值。

(3)掌握指针与地址的关系。

(4)掌握指针的运算。

(5)掌握指针的移动。

(6)使用指针和结构体处理复杂的数据结构。

(7)掌握链表的创建、遍历和删除等操作。

6.1.3　算法思想

本项目主体功能与项目 4.1.3 基本相同，可参考项目 4.1.3 的相关分析。二者的重要区别是：前者使用数组实现，后者使用指针通过单向循环链表实现，且为每个人设置一个密码 k，通过每个人不同的密码 k 决定下一个需要出队的人，而 4.1 节的是数到固定数字 k 的游戏者退出游戏。

采用单向循环链表来存放 N 个人的姓名及密码，如图 2-6-1 所示。

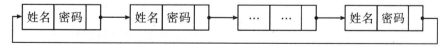

图 2-6-1　"约瑟夫问题"单向循环链表结构示意图

1. 结构体的定义

```
typedef struct ps Person;
```

```
struct ps
{
    char name[LEN];
    int pwd;
    struct ps *next;
};
```

2. 创建循环链表算法思想

务必考虑到从空链表开始创建，并注意为每个新节点分配内存空间（malloc()函数），此外节点之间的"连接"并形成"环"是很重要的操作。详细实现请参见 InputPersons()函数及相关解释。

3. 循环链表遍历算法思想

实际上就是依次读取链表节点的信息并显示，核心思想在于指针的移动。具体操作是：让一个临时指针 p 指向头节点 head，然后读取该节点信息并显示；接下来向下一个节点移动（p= p->next），继续读取和显示操作；继续往后移动指针，直到完成一个循环（p 再次指向 head）。详细实现请参见 DisplayLink()函数及相关解释。

4. 节点的修改算法

在遍历链表过程中，对每一个节点信息进行修改，也就是对指针所指向的结构体的成员进行修改。比如：要修改当前指针 p 所指向的结构体的密码 pwd 为当前用户的输入，语句如下：

```
scanf("%d",&p->pwd);
```

详细实现请参见 ResetPwd()函数及相关解释。

5. 约瑟夫环算法思想

利用循环链表，根据要出列的密码进行数数，遍历每个节点，找到节点并出列；将出列者的密码作为下一个出列的依据，继续循环寻找下一个节点，如此反复，直到最后一个节点。

详细算法思想及实现请参见 CountAndQuit()函数及相关解释。

6. 节点的删除

首先找到需要删除的节点，该过程同样需要遍历链表，然后找到被删除的节点进行删除。函数 free()完成节点的释放。

详细算法思想及实现请参见 CountAndQuit()函数及相关解释。

6.1.4 系统流程图

系统流程图如图 2-6-2 所示。

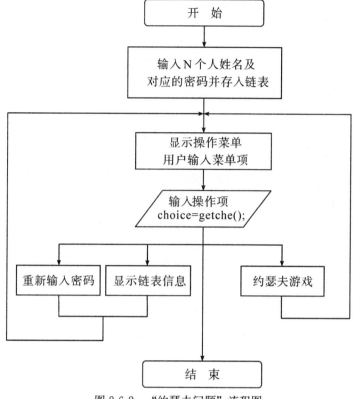

图 2-6-2 "约瑟夫问题"流程图

6.1.5 项目实现

由于项目不太复杂，所以全部代码均写在一个 C 文件中，并未将函数等独立存放到不同的文件中。这里为了方便，将该文件拆分为几个代码段进行解释。

项目相关代码实现及解释如下。

```
01   #include<stdio.h>
02   #include<conio.h>      //getch()
03   #include<string.h>     //字符串处理
04   #include<malloc.h>     //malloc()
05   #include<stdlib.h>     //exit()函数需要
06
07   #define LEN 21         //人名的长度(20 个字符以内)
08   #define OVER "exit"    //输入结束的字符串
09
10   typedef struct ps Person;
11   struct ps
12   {
13     char name[LEN];
```

```
14    int pwd;
15    struct ps *next;
16  };
17
18  Person *head=NULL;        //指向表结点的指针
19  Person *tail=NULL;        //指向末结点的指针
20  char choice;             //用户选择的菜单项
21
22  void InputPersons();      //输入操作,初始化链表
23  void ShowMenu();         //显示操作菜单
24  void DisplayLink();      //显示链表信息
25  void ResetPwd();         //重输密码
26  void CountAndQuit();    //开始约瑟夫游戏
27
28  int num=0;               //记录输入的人数
29
30  void main()
31  {
32    InputPersons();
33    while(1)
34    {
35      ShowMenu();
36      switch(choice)
37      {
38      case'1':
39        DisplayLink();   //显示链表信息
40        break;
41      case'2':
42        ResetPwd();       //重输密码
43        break;
44      case'3':
45        CountAndQuit(); //开始约瑟夫游戏
46        break;
47      }
48    }
49  }
```

上述代码中，1—5行主要完成头文件的引用；7—16行为宏定义、结构体定义；18—28行为函数声明和全局变量的声明及初始化；30行之后为程序主函数，首先调用

InputPersons()函数进行游戏人员的输入，完成游戏人员的初始化，然后进入循环，反复执行显示、重设游戏密码、开始游戏等操作，直到退出。

```
01   //输入操作,初始化链表
02   void InputPersons()
03   {
04     char name[LEN];
05     Person *p;      //新增加的人
06     head= tail;     //一开始,首尾都是 NULL
07     while(1)
08     {
09       printf("请输入第%d 个人的信息,输入%s 结束:\n",num+1,OVER);
10       printf("人名(≤%d 个字符):",LEN-1);
11       scanf("%s",name);
12       name[LEN-1]='\0';
13       if(strcmp(name,OVER)==0)
14         return;
15       p= (Person*)malloc(sizeof(Person));
16       strcpy(p->name,name);
17
18       //输入密码 k
19       printf("密码(整数):");
20       scanf("%d",&p->pwd);
21       p-> next= head;   //尾首相连,形成循环
22
23       //创建链表
24       if(NULL==head)
25       {
26         head=tail=p;
27         p-> next= head;
28       }
29       else
30       {
31         tail->next=p;
32         tail=p;
33       }
34     num++;   //新人添加到链表中以后,计数器才加 1
35     printf("\n");
36   }
37 }
```

　　函数 InputPersons()完成约瑟夫游戏的人员输入，创建单向循环链表。

　　输入之前，指向头和尾节点的指针 head 和 tail 均初始化为 NULL(第 6 行)；然后接受用户输入，如果输入的是表示退出的字符串，则停止输入，初始化完成(第 13—14行)；否则表示要增加一个参与游戏的人员，于是分配结构体(Person)大小的内存空间(第 15 行)，接着输入该人员的游戏密码，即如果他出列，该密码作为下一次出列应该数的数字(19—20 行)。

　　21—34 行是函数的核心，其作用是将新的节点添加到原来的链表中，形成新的单向循环链表，具体操作是：

　　(1)将新节点插入到头节点之前(21 行)。

　　(2)如果此时头指针 head 为 NULL，表示还没有人员，链表为空，则新来的节点是第一个也是唯一一个节点，于是 head 和 tail 均指向它(24—28 行)。

　　(3)如果 head 不为 NULL，表示链表不为空，于是原来指向最后一个节点的指针的下一个节点为新加入的节点(第 31 行)，新的节点自然就成为新链的最后一个节点(第 32行)。

　　至此，表示游戏人员的单向循环链表形成并不断增加。

```
01   //显示操作菜单
02   void ShowMenu()
03   {
04     while(1){
05       printt("\n\n 请选择操作:");
06       printf("\n======================");
07       printf("\n(1)显示信息");
08       printf("\n(2)重新输入每个人的密码");
09       printf("\n(3)开始"数 N 退出"游戏");
10       printf("\n(0)退出程序");
11       printf("\n======================\n");
12       choice=getche();
13       if('0'==choice)
14         exit(0);
15       else if((choice- '0')>=1&&(choice- '0')<=3)
16         return;
17     }
18   }
```

　　ShowMenu()函数比较简单，显示菜单信息，供用户操作。

```
01   //显示链表信息
02   void DisplayLink()
03   {
04     int i=0;
```

```
05    Person *p=head;//从头结点开始
06    //如果没有,就终止
07    if(NULL==p)
08      return;
09    printf("\n\n当前链表信息如下:");
10    printf("\n========================");
11    //先输出头结点
12    printf("\n%2d:\t%s\t%d",++i,p->name,p->pwd);
13    p=p->next;
14    while(p! =head)
15    {
16      printf("\n%2d:\t%s\t%d",++i,p->name,p->pwd);
17      p=p->next;
18    }
19    printf("\n========================");
20  }
```

　　DisplayLink()函数用于显示链表的当前人员信息,实际上就是对链表的节点进行遍历。由于分别有 head 和 tail 指针指向链表的头节点和尾节点,因此只需要从头开始依次移动指针并读取节点信息即可。

　　不过,此处也有一个小技巧:始终保持 head 和 tail 指针分别指向的链表的第一个和最后一个节点不变,以方便任何时候对链表的节点进行索引和定位。为此,新增一个专门用于移动和遍历链表的指针 p,一开始指向链表头(5 行),然后一直循环输入当前节点信息,继续移动到下一个节点,直到重新回到 head 节点,遍历完成(11-18 行)。

```
01  //重输密码
02  void ResetPwd()
03  {
04    Person *p=head;//从头结点开始
05    //如果没有,就终止
06    if(NULL==p)
07      return;
08    printf("\n\n请重新输入每个人的密码:");
09    printf("\n=====================\n");
10    //先处理第一个人的密码
11    printf("%s:",p->name);
12    scanf("%d",&p->pwd);
13    p=p->next;
14    while(p! =head)
15    {
```

```
16      printf("%s:",p->name);
17      scanf("%d",&p->pwd);
18      p=p->next;
19    }
20    printf("\n==========================");
21  }
```

ResetPwd()函数在遍历链表的基础上，增加了修改节点的功能（12、17 行对节点的密码进行修改），其余操作与 DisplayLink() 函数同理。

```
01  //开始约瑟夫游戏
02  void CountAndQuit()
03  {
04    int i,n,pwd;                      //用于计数,和保存当前密码
05
06    //先复制一个链表
07    Person *p,*c,*q;     //分别指向临时结点、新链表的当前结点、当前结点的前
                                  结点
08    Person *head2=NULL,*tail2=NULL;      //分别指向新链表的头、尾结点
09    c=head;
10    //首结点不能为 NULL
11    if(NULL==head)
12      return;
13    //先复制首结点
14    p=(Person*)malloc(sizeof(Person));
15    strcpy(p->name,c->name);
16    p->pwd=c->pwd;
17    p->next=p;
18    head2=tail2=p;                    //第一个结点,首尾在一起
19    c=c->next;
20    //复制其他结点
21    while(c!=head)
22    {
23      p=(Person*)malloc(sizeof(Person));
24      strcpy(p->name,c->name);
25      p->pwd=c->pwd;
26      p->next=head2;
27      tail2->next=p;
28      tail2=p;
29      c=c->next;
```

```
30       }
31
32       //开始数 N 退出
33       printf("\n\n 游戏处理结果:");
34       printf("\n=========================");
35       i=0;
36       c=head2;                      //将当前指针(用于循环)指向首结点
37       q=tail2;                      //q 记录当前结点的前一个结点
38       pwd=c->pwd;                   //记录首结点的 pwd
39       while(c->next!=c)
40       {
41         n=1;
42         while(n<pwd)
43         {
44           q=c;                      //记录下当前节点的前一个节点
45           c=c->next;
46           n++;
47         }
48       //当前指针 c 所指的应该退出
49         q->next=c->next;
50         printf("\n 第%2d 个退出者:%s",++i,c->name);
51         pwd=c->pwd;                 //退出者的密码作为下一个退出的依据
52         free(c);
53         c=q->next;
54     }
55     //退出最后一个
56     printf("\n 第%2d 个退出者:%s",++i,c->name);
57     free(c);
58     printf("\n=========================");
59     }
```

CountAndQuit()是本项目的核心,完成约瑟夫游戏的功能。

由于参与游戏的人员信息存放在内存(链表)中,不能像存放在文件中那样可以反复读取,而游戏运行过程中会逐个移除链表节点,也就是说,一次游戏完成后,节点会全部删除,如果想在程序没有退出的情况下,反复玩游戏,就不得不反复重新输入游戏人员信息,这给操作带来了很大的不便。为此,项目实现中采用了"复制链表"的操作,即:每次游戏时,都将原来的链表"复制"一份,此后的操作在新的链表中进行,原始链表信息保持不变。代码 6—30 行即完成此功能,链表结构如图 2-6-3 所示。

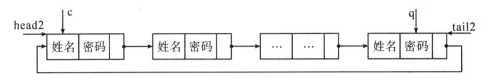

图 2-6-3 "约瑟夫问题"链表结构及指针示意图

代码 32—57 行为游戏的核心实现。

36—38 行：游戏从头节点 head2 开始进行，首先获取头节点的 pwd 信息，作为第一个退出者的计数依据。

39 行：循环操作，直到移动着的当前指针 c 所指向的节点的下一个节点为自己（此时表明该节点为最后一个节点，其他节点都已经移除）。

41 行：每次数数时，初始化计数器为 1。

42—47 行：数数，边数边移动当前指针 c，直到数到退出密码指定的数 pwd。

需要说明的是，由于达到指定的 pwd 时，c 所指的节点要被移除掉，并且移除后要保持链表不能"断链"，所以算法思想是：要删除当前节点 c，可以让 c 的前节点 q 的 next 指向 c 的后节点，然后释放 c 所指的节点即可。以图 2-6-3 为例，删除 c 节点的代码为：

```
q->next=c->next;
free(c);
c=q->next;
```

由此可见，由于当前节点 c 随时可能被删除，所以在 c 移动时，设计了一个"跟随指针"q 始终指向 c 的前一个节点，在删除时，借助 q 将 c 所指向的当前节点删除掉，然后再将指针恢复指向到 q 的下一个节点，进而继续进行游戏操作。

最后说明一点，malloc()分配的内存空间不再使用后（即节点从链表中移除后），需要释放节点所占用的内存空间，free(c)即完成此功能。

6.1.6 项目扩展

(1)如果采用单向链表，项目如何实现？

(2)如果采用双向链表，项目如何实现？

(3)如果采用双向循环链，项目如何实现？

(4)如果要求在程序运行中，能够增加或删除游戏人员，应该如何实现？

6.2 学生信息登记管理（结构体＋链表）

6.2.1 项目功能需求

有学生成绩登记表如表 2-6-1 所示。

表 2-6-1　学生成绩表

学号	姓名	性别	年龄	成绩			平均成绩
				C 语言	英语	高数	
201210409601	刘子栋	男	19	92	85	86	87.7
201210409602	童雨嘉	女	19	88	72	82	80.7
201210409603	杨欣悦	女	18	78	93	74	81.7
201210409604	王子濠	男	19	67	77	75	73
…	…	…	…	…	…	…	…

其中：

学号是长度为 12 的数字字符组成；姓名最大长度为 10 个字符；性别最多允许 4 个字符；年龄为整数；成绩包括三项（C 语言、英语、数学），均为整数，总成绩允许有一位小数。

要求：

(1)学生人数未知，用户任意输入。

(2)"平均成绩"项应通过计算获得，不从键盘输入。

(3)输入完成后，给出操作菜单让用户选择操作，菜单项如下：

```
请选择排序字段：
------------------------------------
(1)学号        (2)姓名      (3)性别       (4)年龄
(5)C 语言      (6)英语      (7)高数       (8)平均分
(9)显示全部原始信息        (0)退出程序
------------------------------------
```

(4)当用户正确选择排序字段后，进一步请用户选择排序方向，如下：

请选择排序方向：

```
----------------------------
(1)升序        (2)降序        (0)退出程序
----------------------------
```

(5)此操作可以反复进行，直到用户选择"退出程序"。

下框是在控制台下处理 3 个学生信息的运行效果示例(说明：加下划线的内容表示用户的输入，其余内容为系统运行时的自动显示)。

请输入第 1 个学生信息：

```
----------------------------
学号(12 个字符以内)：201210409601
姓名(10 个字符以内)：刘子栋
性别(4 个字符以内)：男
年龄(整数)：19
《C 语言》成绩(整数)：92
```

《英语》成绩 (整数) :85
《高数》成绩 (整数) :86

\- -

请选择操作:

\- -

(0) 输入完成　　(其他任意键):继续输入

\- -

a
/* 注:此处省略其他两位学生信息的输入显示*/
请选择操作:

\- -

(0) 输入完成　　(其他任意键):继续输入

\- -

0
请选择排序字段:

\- -

(1) 学号　　　(2) 姓名　　　(3) 性别　　　(4) 年龄
(5) C语言　　(6) 英语　　　(7) 高数　　　(8) 平均分
(9) 显示全部原始信息　　　(0) 退出程序

\- -

8
请选择排序方向:

\- -

(1) 升序　　　(2) 降序　　　(0) 退出程序

\- -

2
排序后的学生信息:
================

学号	姓名	性别	年龄	C语言	英语	高数	平均分
201210409603	刘子栋	女	19	92	85	86	87.7
201210409602	杨欣悦	女	18	78	93	74	81.7
201210409601	童雨嘉	男	19	88	72	82	80.7

\- -

请选择排序字段:

\- -

(1)学号   (2)姓名   (3)性别   (4)年龄
(5)C 语言 (6)英语   (7)高数   (8)平均分
(9)显示全部原始信息   (0)退出程序

9

原始输入的学生信息：
================

学号	姓名	性别	年龄	C 语言	英语	高数	平均分
201210409603	刘子栋	女	19	92	85	86	87.7
201210409601	童雨嘉	男	19	88	72	82	80.7
201210409602	杨欣悦	女	18	78	93	74	81.7

请选择排序字段：
----

(1)学号   (2)姓名   (3)性别   (4)年龄
(5)C 语言 (6)英语   (7)高数   (8)平均分
(9)显示全部原始信息   (0)退出程序

0

6.2.2 知识点分析

程序处理的对象是学生，由于每个学生有姓名、性别等若干属性，所以属于复杂的数据类型，可以使用结构体处理。

本题目最大的特点是学生人数不确定，这也是与项目 5.1 的区别所在。由于数量不确定，显然不能使用数组来存储学生信息，要达到动态存储的目的，应该考虑使用链表，而链表的基础显然是指针。

通过实验可达到如下目标：

(1)进一步掌握结构体的声明和使用。

(2)掌握指针的声明、初始化和赋值。

(3)掌握指针与地址的关系。

(4)掌握指针的运算。

(5)掌握指针的移动。

(6)使用指针和结构体处理复杂的数据结构。

(7)使用链表实现数据的动态存储。

(8)掌握链表的排序。

6.2.3　算法思想

(1)本项目主体功能与项目 5.1 基本相同,故基本的算法思想可参考项目 5.1 的相关分析。二者的主要区别是:学生人数是否固定。

(2)程序包括输入学生信息、显示操作菜单、排序、显示信息等功能,这些功能相对独立,根据结构化、模块化的编程思想,应该对它们单独编写函数。除输入学生成绩只运行一次外,其他的都应放到循环体中反复操作,直到程序中止。

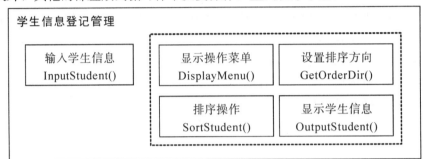

(3)由于输入的学生人数不确定,因此,这个过程应该考虑无限循环,直到特定输入退出。每次输入后给出一个操作菜单,由于题目中没有明确要求,可以考虑如下:

```
请选择操作:
------------------------------
(0)输入完成      (其他任意键):继续输入
------------------------------
```

但是很显然,需要注意的是:在输入第一个学生之前,是不应该出现这个菜单的。

(4)使用链表存储学生对象,可以达到动态大小的目的,链表节点的结构如下:

■单向链表节点:

学生结构体	指向下一个学生结构体的指针

■双向链表节点:

指向前一个学生结构体的指针	学生结构体	指向下一个学生结构体的指针

(5)在项目 5.1 中曾经讲到:如果希望能够保持或随时恢复原来输入学生的顺序,可以有两种方案:①给存储结构增加一个输入顺序的属性。②将排序操作的结果放到新的链表中,这种方式可以认为是“保护现场”。项目 5.1 采用方案②,为了演示不同的方法,本例采用方案①,即增加输入顺序的属性。因此,链表节点的结构改进如下:

■单向链表节点:

顺序	学生结构体	指向下一个学生结构体的指针

■双向链表节点:

指向前一个学生结构体的指针	顺序	学生结构体	指向下一个学生结构体的指针

节点的结构如下：

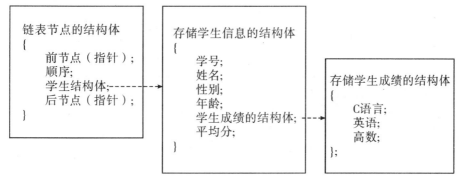

代码如下：

```
//双向循环链表节点
typedef struct theNode
{
    struct theNode *prev;      //指向前一个节点
    int order;                 //原始顺序
    Student stu;               //节点中的学生
    struct theNode *next;      //指向下一个节点的指针
}Node;
```

（6）从存储的数据结构来看，可以使用单向链表、双向链表、单向循环链表、双向循环链表等实现动态存储。单向链表的特点是相对简单，但不易获取前一个节点；双向链表的特点是能够获取前后的节点。考虑到本项目中有排序（交换节点）的操作，故采用双向链表实现。结构如图 2-6-4 所示（stu 为学生结构体，存储一个学生的信息）。

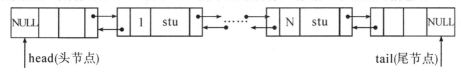

图 2-6-4　学生信息双向链表结构示意图

其中：头节点 head 和尾节点 tail 用于标记链表的起始，并不存放实际数据，当然也不会参与排序、输出等操作。

（7）链表的操作。

项目 5.1 中已经从数组的角度介绍了数组的排序操作，从理论上讲，链表排序操作的原理也是相同的，但事实上，由于数据结构不同，链表的排序操作要复杂得多。因为数组元素在交换时可以通过一个中间变量简单实现；而链表在交换的时候必须要考虑节点间的前后关系（前、后指针的指向）。下面以双向链表为例介绍链表的相关操作。

a）双向链表节点的移除

移除节点是链表操作中最简单的操作。例如，在链表中移除一个节点 p，双向链表只需 3 步，步骤如下：

```
01  p->prev->next=p->next;
```

```
02  p->next->prev=p->prev;
03  free(p);
```

图解步骤如图 2-6-5 所示。

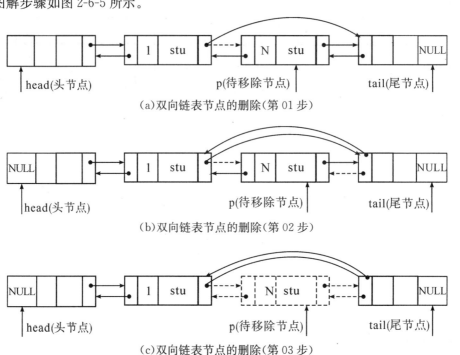

(a)双向链表节点的删除(第 01 步)

(b)双向链表节点的删除(第 02 步)

(c)双向链表节点的删除(第 03 步)

图 2-6-5　双向链表节点的删除步骤

b)双向链表节点的插入

例如，当新增一个学生时，需要在链表的最后增加一个节点 p，即是在 tail 节点前插入该节点，步骤如下：

```
01  p->next=tail;        //p 的后节点指向 tail
02  p->prev=tail->prev;  //p 的前节点为原来 tail 的前节点
03  tail->prev->next=p;  //tail 原来前节点的后节点现在指向 p
04  tail->prev=p;        //tail 现在的前节点指向 tail
```

图解步骤图 2-6-6 所示。

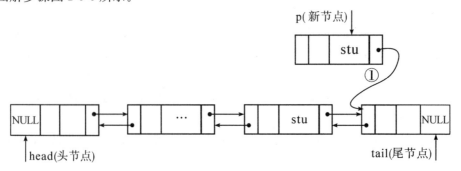

(a)双向链表节点的插入(第 01 步)

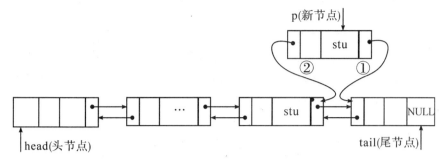

(b)双向链表节点的插入(第 02 步)

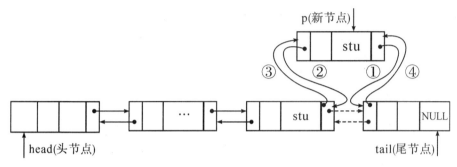

(c)双向链表节点的插入(第 03 步)

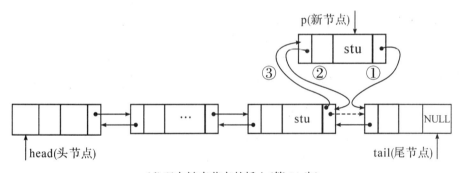

(d)双向链表节点的插入(第 04 步)

图 2-6-6   双向链表节点的插入步骤

c)双向链表节点的交换

节点的交换通常有两种方式:一是采用中间变量(临时节点),通过数据复制的方式完成;二是通过调整节点的前后指针指向完成。

对于简单的数据类型(如整数等),采用前者最简单,然而对于复杂的数据类型(如这里的节点,节点中包括指针、结构体、内部结构体),这样复制操作过于繁琐,也很容易出错,通过修改指针反而非常简单,效率也最高。

如图 2-6-7,要交换节点 p 和 q,只需要将二者从链表中移除,再将 p 和 q 分别插入到原来 q 和 p 所在位置即可。这里需要注意的是,由于先移除、再插入,所以插入时找不到原来的参照物了,因此,应该在交换前,在参与交换的节点的前(或后)节点做标记(m 和 n),以便在插入时作为参照。

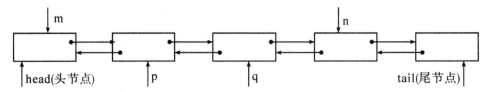

图 2-6-7　双向链表交换节点示意图

实现代码如下：

```
01  //左侧节点p移出
02  m->next=p->next;
03  p->next->prev=m;
04
05  //右侧节点q移出
06  q->prev->next=n;
07  n->prev=q->prev;
08
09  //将q插入到原来p所在位置(即m之后)
10  q->next=m->next;
11  q->prev=m;
12  m->next->prev=q;
13  m->next=q;
14
15  //将p插入到原来q所在位置(即n之前)
16  p->next=n;
17  p->prev=n->prev;
18  n->prev->next=p;
19  n->prev=p;
```

6.2.4　系统流程图

系统流程图如图 2-6-8 所示。

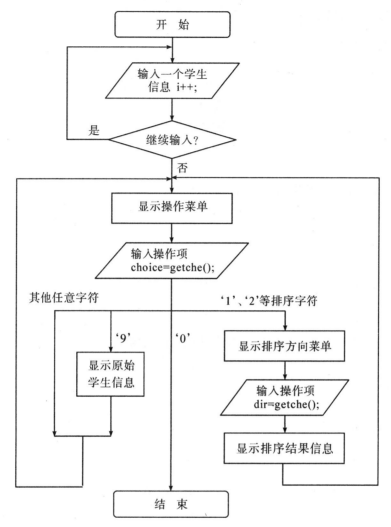

图 2-6-8 "学生信息登记管理"(链表实现)流程图

6.2.5 项目实现

项目相关代码实现及解释如下。

```
01   #include〈stdio.h〉
02   #include〈conio.h〉      //getch()函数需要
03   #include〈stdlib.h〉     //exit()函数需要
04   #include〈string.h〉     //strcmp()函数需要
05
06   #define IDLen 13        //ID字段长度
07   #define NameLen 11      //姓名字段长度
08   #define SexLen 5        //性别字段长度
09
```

```
10   //存储学生成绩的结构体
11   struct Score
12   {
13     int cp;                //C 语言
14     int en;                //英语
15     int math;              //高数
16   };
17
18   //存储学生信息的结构体
19   typedef struct Stu
20   {
21     char id[IDLen];        //学号
22     char name[NameLen];    //姓名
23     char sex[SexLen];      //性别
24     int age;               //年龄
25     struct Score score;    //存储成绩的结构体
26     double avg;            //平均分
27   }Student;
28
29   //双向循环链表节点
30   typedef struct theNode
31   {
32     struct theNode *prev;  //指向前一个节点
33     int order;             //原始顺序
34     Student stu;           //节点中的学生
35     struct theNode *next;  //指向下一个节点的指针
36   }Node;
37
38   Node *head= NULL;        //指向头结点的指针
39   Node *tail= NULL;        //指向尾结点的指针
40   int num= 0;              //输入的学生总数
41   char choice= 0;          //用户选择的项
42   char dir= 0;             //用户排序方向(1:升序,2:降序)
43
44   void InputStudent();     //输入学生信息的操作
45   void DisplayMenu();      //显示选择菜单
46   void GetOrderDir();      //显示用户选择排序方向
```

```
47  void SortStudent();   //对学生信息 stu[]进行排序,结果存入 sorted[]中
48  void OutputStudent();          //输出全部学生信息
49
50  void main()
51  {
52    InputStudent();              //输入学生信息
53    while(1)
54    {
55      DisplayMenu();             //显示菜单
56      if('0'==choice)            //选择操作"0",则退出程序
57      {
58        exit(0);
59      }
60      else if('9'==choice)       //选择操作"9",则输出全部原始信息
61      {
62        dir= '1';
63      }
64      else                       //其他操作,按选定属性排序
65      {
66        GetOrderDir();           //显示用户选择排序方向
67      }
68      SortStudent();             //排序学生信息
69      OutputStudent();           //输出学生信息
70    }
71  }
```

代码前 4 行使用♯include 语句导入相关库文件。

6—8 行将程序中用到的几个常量定义为宏。

10—16 行定义一个结构体 Score,用于存储一个同学 C 语言、英语、高数三个科目的成绩。

18—27 行定义用于存储学生信息的结构体,包括学号、姓名、性别等属性。其中,属性 score 为结构体 Score 类型。

29—36 行是双向链表结构体的定义。该结构中包括指向前后节点的指针、学生结构体及额外增加的输入顺序属性。

38—42 行定义了几个程序运行中需要用到的变量。考虑到不同的函数中可能会对它们分别进行操作,所以定义在此处,作为全局变量。head 和 tail 指针分别指向链表的头、尾节点。需要说明的是:这两个节点并不存放实际学生信息,只用来标注链表的头和尾。换句话说:即使没有学生信息,该链表也有这两个节点;而当增加学生信息时,学生节点会插入到这两个节点之间,形成完整链表。

44—48 行是程序中的函数声明。根据结构化、模块化设计的思想，将程序功能分解为相对独立的几个功能模块，分别完成信息输入、显示操作菜单、显示排序方向菜单、排序学生、显示学生信息的功能。各功能模块之间的数据主要以全局变量的形式共享。

50—71 行为程序的主函数。首先通过调用函数 InputStudent() 完成信息输入，然后是 while 无限循环语句块。循环体中首先通过调用 DisplayMenu() 函数显示操作菜单(在该函数中接受用户的输入并存储到全局变量 choice 中)，然后根据用户选择的操作(choice 的值)决定下一步操作：退出程序、显示原始输入的信息还是进行排序。如果按原始输入顺序显示信息(choice 值为'9')，则一定是按顺序属性升序排列，所以规定排序方向 dir 值为1(升序)；否则，则进一步显示排序方向(GetOrderDir() 函数)供用户选择。最后进行排序操作(SortStudent() 函数)，最后输出排序结果(OutputStudent() 函数)。

```
01   //输入学生信息
02   void InputStudent()
03   {
04     Node *p= NULL;                              //指向新增的学生节点
05     //初始化头指针和尾指针
06     head=(Node *)malloc(sizeof(Node));
07     tail=(Node *)malloc(sizeof(Node));
08     head->prev=NULL;
09     head->next=tail;
10     tail->prev=head;
11     tail->next=NULL;
12     while(1)
13     {
14       printf("\n 请输入第%d 个学生信息:\n",++num);
15       p=(Node* )malloc(sizeof(Node));    //为新输入的学生分配存储空间
16       p->order=num;
17       printf("-------------------------------\n");
18       printf("学号(12 个字符以内):\t");
19       scanf("%s",p->stu.id);
20       p->stu.id[IDLen-1]=0;          //最后一个字符强行加一个结束符
21       printf("姓名(10 个字符以内):\t");
22       scanf("%s",p->stu.name);
23       p->stu.name[NameLen-1]=0;       //最后一个字符强行加一个结束符
24       printf("性别(4 个字符以内):\t");
25       scanf("%s",p->stu.sex);
26       p->stu.sex[SexLen-1]=0;         //最后一个字符强行加一个结束符
27       printf("年龄(整数):\t\t");
28       scanf("%d",&p->stu.age);
```

```
29        printf("《C语言》成绩(整数):\t");
30        scanf("%d",&p->stu.score.cp);
31        printf("《英语》成绩(整数):\t");
32        scanf("%d",&p->stu.score.en);
33        printf("《高数》成绩(整数):\t");
34        scanf("%d",&p->stu.score.math);
35        p->stu.avg=(p->stu.score.cp+p->stu.score.en
+p->stu.score.math)/3.0;
36        printf("------------------------------\n");
37
38        //将新的学生节点p加入到链表最后tail之前
39        p->next=tail;          //p的后节点指向tail
40        p->prev=tail->prev; //p的前节点为原来tail的前节点
41        tail->prev->next=p; //tail原来前节点的后节点现在指向p
42        tail->prev=p;          //tail现在的前节点指向tail
43
44        //是否继续输入
45        printf("\n请选择操作:\n");
46        printf("--------------------------------------\n");
47        printf("(0)输入完成\t\t(其他任意键):继续输入\n");
48        printf("--------------------------------------\n");
49        if(getche()=='0')
50          return;
51    }
52  }
```

上述函数完成学生信息的输入功能。

5—11行初始化头尾指针，形成没有学生数据的空链表，等待学生节点加入。执行这几行语句后，形成如下链表：

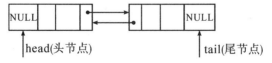

　　　　　head(头节点)　　　　　　　　tail(尾节点)

由于学生人数不确定，所以输入时采用无限循环的方式，一次while循环输入一个学生信息。为了使输入清晰明了，采用逐行输入的方式。需要说明的是，本段代码并未对用户输入数据的合法性(如长度、数据类型等)进行验证，为了确保学号、姓名等字符串不超长(即使用户输入超长，也不至于造成错误)，特别地在每个字符串的最后强行添加一个结束符'\0'，如20、23、26行。

第15行p=(Node*)malloc(sizeof(Node));为新输入的学生分配存储空间，指针p指向该节点。30—36行完成一个学生信息的输入并存放到节点p中。

第 35 行计算学生的平均分。实际上，由于三科成绩已经存储在 Student 结构体的 score 属性中，所以此处用于存储"平均分"的属性其实是可以不用的。此处加上并即时计算出平均分，主要目的在于使后面的操作（如根据平均分进行排序、查询等）简单和快捷。如果涉及总分，同理。

38—42 行代码用于将当前学生节点插入到链表学生信息的最后，即 tail 节点之前，相关实现原理请参见本项目"算法思想"部分的介绍。

DisplayMenu()函数和 GetOrderDir()函数与 5.1 项目的两个函数完全相同，此处不再赘述。

```
01   //对学生信息进行排序(即对链表进行排序)
02   void SortStudent()
03   {
04     Node *m;      //左比较节点的前一个节点
05     Node *p;      //左边参加比较的节点
06     Node *q;      //右边参加比较的节点
07     Node *n;      //右比较节点的后一个节点
08
09     int f;        //大小标志:0 前者大 1 后者大
10     int swap;     //是否交换:1 交换,0 不交换
11
12     //如果只有一个节点,不用操作
13     if(1==num)
14     {
15       return;
16     }
17
18     m=head;
19     p=m->next;
20     while(p->next!=tail)
21     {
22       q=p->next;
23       n=q->next;
24       while(q!=tail)
25       {
26         f=0;
27         switch(choice)
28         {
29         case'1':   //学号
30           if(strcmp(p->stu.id,q->stu.id)<0)
```

```
31              f=1;
32          break;
33       case'2':   //姓名
34          if(strcmp(p->stu.name,q->stu.name)<0)
35              f=1;
36          break;
/* 省略部分 case 代码* /
61       case'9':   //原始输入顺序
62          if(p->order < q->order)
63              f=1;
64          break;
65       default:   //其他,错误
66          printf("错误,请选择正确操作!");
67          break;
68       }
69       swap= 0;
70       if(1==f&&'2'==dir)
71       {
72          swap=1;
73       }
74       if(0==f&&'1'==dir)
75       {
76          swap=1;
77       }
78       //要交换
79       if(1==swap)
80       {
81          //左侧节点 p 移出
82          m->next=p->next;
83          p->next->prev=m;
84
85          //右侧节点 q 移出
86          q->prev->next=n;
87          n->prev=q->prev;
88
89          //将 q 插入到原来 p 所在位置(即 m 之后)
90          q->next=m->next;
91          q->prev=m;
```

```
92              m->next->prev=q;
93              m->next=q;
94
95              //将 p 插入到原来 q 所在位置(即 n 之前)
96              p->next=n;
97              p->prev=n->prev;
98              n->prev->next=p;
99              n->prev=p;
100
101              //恢复 p、q 原来的位置
102              p=m->next;
103              q=n->prev;
104            }
105          q=n;
106          n=q->next;
107        }
108      m=p;                                    //指针下移
109      p=p->next;
110    }
111  }
```

SortStudent()函数完成对存储学生信息的链表的排序操作,采用冒泡算法实现。

由于可能根据 8 种不同的属性进行排序,所以 27－68 行用 switch 语句根据不同的条件进行比较处理。这里有一个小的技巧:无论根据哪个属性排序,参与比较的两个节点可能交换,也可能不交换,所以在每个分支中做一个标记,此处用变量 f,如果通过属性比较,前节点小于后节点,则 f 值为 1(即表示二者符合升序规则);否则前大后小,f 记为 0(表示符合降序规则);这样,就不需要在每个分支中都写交换语句,而是将交换语句写在 switch 之后,使代码得到精简。

此外,在项目 5.1 中实际只做了降序操作,要想得到升序是采用逆向遍历数组得到。这种方式在本项目的双向链表中仍然可以实现(请注意,如果是单向链表,则不可以逆向遍历)。但是,出于演示的目的,本项目中实现了两个方向的排序。思路是:由于通过 switch 语句已经得知参与比较的两个节点哪个“大”(f 值为 1 表示后者大),接下来就是看用户要求实现的是升序还是降序排列。显然,如果后者大(f 值 1),但是用户要求是降序(dir 值为 2);或者前者大(f 值为 0),但是用户要求的是升序(dir 值为 1)时,两个节点才交换,这个逻辑在 69－77 行实现,如果要交换,则变量 swap 记为 1。

再接下来的代码就是顺理成章的事情了。即:当 swap 值为 1 时,交换当前参与比较的两个节点,代码 81－99 行实现,算法描述请参考 6.2.3 节“算法思想(7)”部分的介绍。

如果两个节点交换了,原来指向它们的指针 p 和 q 也随着对换了位置,原来 4 个指针 m、p、q、n 现在变为 m、q、p、n,但是 while 循环始终是按照原来的指针排列方式

在进行，所以在节点交换后，应该把 p、q 两个指针对换一下，以恢复原来的位置，代码 102、103 行完成此功能。这一点是比较容易忽略的地方，请读者注意理解。

代码 105、106 行使得 q、n 指针依次向右移动一个节点；代码 108、109 行使得指针 m、p 依次向右移动一个节点。这是冒泡算法双重循环的基本原理，请读者结合该算法加以理解。

```
01   //输出学生信息
02   void OutputStudent()
03   {
04     int i=1;      //循环变量
05     Node *p;      //循环指针
06     if('9'==choice)
07     {
08       printf("\n 原始输入的学生信息:\n===========\n");
09     }else
10     {
11       printf("\n 排序后的学生信息:\n===========\n");
12     }
13     printf("学号姓名性别年龄 C 语言英语高数平均分\n");
14     printf("---------------------------\n");
15
16     //遍历链表,输出全部信息
17     p=head->next;  //循环指针指向第一个数据节点
18     do
19     {
20       printf("%-15s%-14s%-7s%-7d",p->stu.id,p->stu.name,
 p->stu.sex,p->stu.age);
21       printf("%-7d%-7d%-7d%4.1f\n",p->stu.score.cp,
 p->stu.score.en,p->stu.score.math,p->stu.avg);
22       p=p->next;
23     }while(p!=tail);
24     printf("---------------------------\n");
25   }
```

OutputStudent() 函数用于输出学生信息，这个函数逻辑上相对比较简单。只需要对链表从第一个数据节点(第 17 行)开始，遍历到最后一个数据节点(tail)之前，依次按格式输出每个节点的信息即可。关于输出中的格式控制此处不再赘述。

6.2.6　项目扩展

(1)如果采用单向链接，程序应该如何实现？

（2）如果对输入的字符长度（如学号必须是 12 位、数字构成）、类型（成绩必须是整数）、范围（成绩范围必须是 0—100）等加以合法性验证，该如何完善程序？

（3）如果要求可以根据学号、姓名等不同信息进行查询，并显示查询结果，该如何完善程序？

（4）如果增加（在指定位置插入）、删除（根据学号删除相应学生）功能，该如何完善程序？

（5）一次处理完成，退出程序后，再次运行程序，上一次输入的数据还在吗？如果希望不再重新输入数据或者继续在上次处理的基础上操作，该如何处理？

6.3　贪吃蛇游戏

6.3.1　项目功能需求

贪吃蛇游戏要求：在一个密闭的围墙空间内有一条蛇和随机出现的一个食物，通过按 W、S、A、D 键控制蛇向上、下、左、右四个方向移动。如果蛇头碰到食物，表示蛇吃掉食物，蛇的身体会增长一节；接着又出现新的食物，等待被蛇吃掉。游戏进行的过程中，蛇身会变得越来越长。如果蛇在移动过程中，蛇头碰到自己的身体咬到自己，则游戏结束。

要求：

（1）实现蛇的表示：用矩形块表示蛇的一节身体。游戏初始，蛇只有蛇头，用白色矩形块表示；当吃掉一个食物后，蛇身增加一节，即增加一个黑色的矩形块。

（2）实现蛇的移动：必须沿蛇头方向在密闭围墙内上下左右移动；如果游戏者无按键动作，蛇自行沿当前方向前移；当游戏者按了 W、S、A、D 键后，需要重新确定蛇每节身体的位置，然后移动。

（3）实现根据坐标绘制蛇、食物；食物要求在密闭围墙中随机生成。

（4）处理上、下、左、右的方向按键。

（5）实现双向链表表示和单向链表的操作。

运行效果（游戏在控制台下运行示例）：

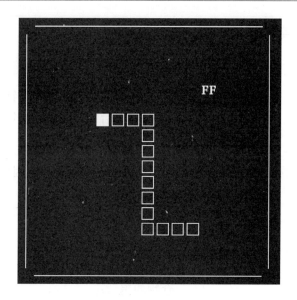

6.3.2 知识点分析

程序处理的对象是蛇和食物。蛇的每一节身体，都有密闭围墙内的相应坐标位置属性，蛇除了蛇头和蛇尾都连着前一节身体和后一节身体。这些属性综合在一起，形成蛇身复杂的数据类型，因此使用结构体处理。

与蛇分析相似，食物具有密闭围墙内的相应坐标位置属性和其表示方式（2个随机大写英文字母表示食物）。这些属性综合在一起，形成食物复杂的数据类型，也使用结构体处理。

通过实验可达到如下目标：

（1）进一步掌握结构体的声明，结构体变量的声明。

（2）掌握结构体指针的声明和使用。

（3）掌握使用结构体指针访问结构体成员和赋值。

（4）掌握使用结构体表示复杂的数据类型。

（5）掌握双向链表的操作。

6.3.3 游戏设计要点和主要功能实现

（1）程序要求反复运行，直至满足特定条件（蛇头咬住蛇身）退出。可以在死循环中设置退出死循环的条件控制程序运行。

```
while(1) {
    if(特定条件) break;
}
```

（2）本游戏包括蛇和食物两个对象。蛇由若干节蛇身组成，每节蛇身包含蛇身横坐标、蛇身纵坐标、当前蛇身指向前一节蛇身的指针、当前蛇身指向后一节蛇身的指针等属性，因此定义为一个结构体，表示如下：

```
蛇身结构体 {
    蛇身横坐标;
    蛇身纵坐标;
    结构体指针: 当前蛇身指向前一节蛇身的指针;
    结构体指针: 当前蛇身指向后一节蛇身的指针;
};
```

(3)食物包含食物横坐标、食物纵坐标、食物的表示等属性，因此也定义为一个结构体，表示如下：

```
食物结构体 {
    食物横坐标;
    食物纵坐标;
    食物的表示;
};
```

(4)本游戏为简单的贪吃蛇游戏设计，主要锻炼学生利用结构体指针的编程能力，因此蛇、食物和围墙都用简单形式表示。蛇身用小矩形方块表示，食物用大写英文字母表示，围墙由细线表示；并且不考虑屏幕图形刷新的平稳性。

(5)为了简化编程，控制上、下、左、右方向使用键盘 W(上)、S(下)、A(左)、D(右)键而不使用上下左右箭头键。

(6)对蛇身的增加、移动控制，需要熟练掌握双向链表的操作。

(7)主要功能实现：①蛇吃到食物：表示蛇头碰到食物，即蛇头的横、纵坐标和食物的横、纵坐标重合。②蛇身增长：即动态生成一个蛇身结构体，并将之添加到当前蛇尾的后面，建立和当前蛇尾的关联，新添加的蛇身成为新的蛇尾。③随机生成食物：利用结构体指针对结构体成员赋值。④利用结构体指针操作，判断食物坐标和蛇身坐标是否重叠，如果重叠，需要重新随机生成食物。⑤根据围墙坐标范围和蛇移动方向，调整蛇身和食物的坐标。⑥利用蛇的头和尾的结构体指针操作蛇朝向头方向的移动以及对蛇头坐标的控制，防止其移动越界。

6.3.4　系统流程图

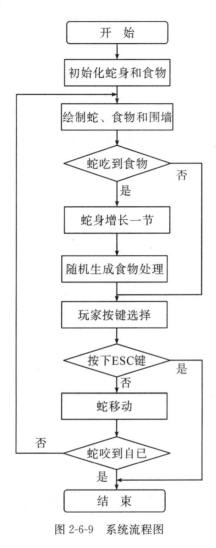

图 2-6-9　系统流程图

6.3.5　项目实现

1. 头文件 snake. h

```
01   #ifndef _SNAKE_H
02   #define _SNAKE_H
03
04   #include〈stdio.h〉
05   #include〈stdlib.h〉
06   #include〈conio.h〉
07
```

```
08   #define LENGTH 15            //围墙长度
09   #define WIDTH 15             //围墙宽度
10   #define OVERLAP 5            //食物与蛇身重叠次数,放置食物时需用到
11
12   typedef struct Snake{        //蛇身结构体
13       int x;                   //蛇身横坐标
14       int y;                   //蛇身纵坐标
15       struct Snake *pre;       //结构体指针,指向当前蛇身的前一节蛇身
16       struct Snake *next;      //结构体指针,指向当前蛇身的后一节蛇身
17   }Snake;
18
19   typedef struct Food{         //食物结构体
20       int x;                   //食物横坐标
21       int y;                   //食物纵坐标
22       char c;                  //食物的字符表示
23   }Food;
24
25   void initSnake(Snake *s);  //初始化蛇
26   int isSnakeEatItself(Snake *head);   //判断游戏结束,当蛇头碰到蛇身
27   int isSnakeEatMeetFood(Snake *snake,Food *food);   //蛇是否吃到食物
28   Snake *snakeGrow(Snake *head);//蛇身增长一节
29   void creatFood(Food *food);     //随机生成食物
30   //避免食物坐标和蛇身重叠,重新生成食物
31   int avoidOverlap(Snake *head,Food *food);
32   //如果生成食物和蛇身重叠次数超过阈值,则直接按蛇移动方向设置食物位置
33   void setFoodLocation(Food *food,Snake *head,int numOverlap,char
c);
34   char setCurKeyButton(char c1='d');                    //设置当前按键
35   void snakeMove(Snake *head,Snake *rear,char c);   //处理蛇的移动
36   void drawPicture(Snake *head,Food *food);     //绘制蛇、食物和围墙
37   #endif
```

1、2、37 行为预处理功能中的条件编译,目的是防止头文件的重复包含和编译。4—6行用#include 语句导入相关库文件。8—10 行为程序中用到的几个符号常量的宏定义。

12—17 行定义蛇身结构体 Snake,用于存储蛇身的坐标、前一节蛇身和后一节蛇身。其中前一节蛇身和后一节蛇身使用蛇身的结构体指针表示。19—23 行定义食物结构体 Food,包括食物横、纵坐标和食物的表示等属性。25—36 行是程序中的函数声明,即定义程序的各功能模块接口。根据结构化、模块化设计的思想,将程序功能分解为相对独

立的几个功能模块，分别完成蛇身的初始化、蛇、食物和围墙的绘制、蛇是否吃到食物的判断、蛇身的增长处理、随机生成食物、生成食物和蛇身重叠处理、玩家按键处理、蛇移动、游戏结束的条件等功能。各功能模块之间的数据主要以全局变量的形式共享使用。

2. 各功能模块实现文件 snake.cpp

```
01   //利用结构体指针初始化蛇身信息
02   void initSnake(Snake *s){
03       s->x=1;
04       s->y=1;
05       s->pre=NULL;
06       s->next=NULL;
07   }
```

initSnake(Snake * s)函数利用结构体指针完成蛇身的初始化功能，形参 Snake * s 为蛇身结构体指针。3—6 行为蛇身结构体成员赋初值，完成初始化功能。由于初始蛇只有蛇头，初始化位置在(1，1)坐标，蛇头无前一节和后一节蛇身，因此，当前蛇身的前一节和后一节指针初始化为 NULL。

```
01   //判断游戏结束:当蛇头碰到蛇身,游戏结束
02   int isSnakeEatItself(Snake *head){
03       int gameover=0;
04       Snake *pt=head->next;
05       while(pt){
06         if(head->x==pt->x&&head->y==pt->y){
07           gameover=1;
08           break;
09         }
10         pt=pt->next;
11       }
12       return gameover;
13   }
```

isSnakeEatItself(Snake * head)函数用于判断游戏是否结束，形参 Snake * head 为蛇身结构体指针。第 4 行创建一个新的结构体指针 pt，pt 指向蛇头后的第一节蛇身。5—11 行为蛇身的遍历（单链表的遍历操作），比较蛇头和遍历的每节蛇身的坐标，如果坐标相等，则表示蛇头咬住自己的身体，游戏结束，置 gameover 变量为 1。

```
01   //蛇是否吃(碰)到食物
02   int isSnakeEatMeetFood(Snake *snake,Food *food){
03       if(snake->x==food->x&&snake->y==food->y) return 1;
```

```
04        else return 0;
05    }
```

isSnakeEatMeetFood(Snake * snake，Food * food)函数用于判断蛇是否吃到食物，或者蛇身是否与新生产的食物位置重叠，形参 Snake * snake、Food * food 分别为蛇身结构体指针和食物结构体指针。第 3 行说明如果蛇身的坐标和食物的坐标相等，那么蛇吃到食物或者蛇身与食物位置重叠。

```
01    //蛇身增长一节
02    Snake *snakeGrow(Snake *head){
03        Snake *p=(Snake *)malloc(sizeof(Snake));
04        Snake *pt=head;
05        while(pt->next) pt=pt->next;
06        p->pre=pt;
07        pt->next=p;
08        p->next=NULL;
09        return p;
10    }
```

snakeGrow(Snake * head)函数完成蛇捕食后身体的增长的逻辑处理。第 2 行形参 Snake * head 为蛇身结构体指针，函数返回值同样为一个蛇身结构体指针。第 3 行为动态生产一个新的蛇身结构体，第 5 行通过结构体指针循环操作找到蛇尾；6—8 行将新产生的蛇身作为蛇的蛇尾，并建立和原来蛇尾的链接关系。通过这个结构体指针链接操作，蛇便增加了一节。第 9 行返回蛇的当前尾部结构体指针。本段代码需要熟悉和掌握单链表的操作。

```
01    //随机生成食物
02    void creatFood(Food *food){
03        food->x=rand()%LENGTH;
04        food->y=rand()%WIDTH;
05        food->c=65+rand()%26;
06    }
```

creatFood(Food * food)函数用于随机生成食物，形参 Food * food 为食物结构体指针。3—4 行随机生成食物的横、纵坐标，第 5 行随机生成食物的字符表示，这里用大写字符表示。

```
01    //避免食物坐标和蛇身重叠,如果重叠,则重新生成食物
02    int avoidOverlap(Snake *head,Food *food){
03        int t=0,flag=1;
04        while(flag){
05          if(t>OVERLAP)  break;
06          flag=0;
```

```
07        t++;
08        Snake *pt=head;
09        while(pt){
10          if(isSnakeEatMeetFood(pt,food)){
11            flag=1;
12            creatFood(food);
13            break;
14          }
15          pt=pt->next;
16        }
17      }
18      return t;
19  }
```

avoidOverlap(Snake * head，Food * food)函数用于避免生成食物的坐标和蛇身重叠，如果重叠，则重新生成食物。此函数主要用于避免随机生成的食物的坐标位置，有可能和蛇身的坐标位置重叠，特别是当蛇变得越来越长的时候，重叠的概率会变得越来越高。

形参 Snake * head、Food * food 分别为蛇身结构体指针和食物结构体指针。算法的主要思想是：首先设置一个重叠检测阈值 OVERLAP，并在第 3 行设置循环检测标识 flag 和检测重叠次数 t。4—17 行为一个循环检测的过程为。第 5 行当检测重叠的次数 t 超过检测阈值，便退出循环重叠检测过程，由第 18 行返回实际的重叠检测次数 t。如果没有超过重叠检测阈值并且 flag 为 1，则循环检测重叠。检测的过程为：第 6 行设置循环检测标识 flag 为 0，第 7 行将检测次数加 1，第 9 行利用蛇身结构体指针 pt 指向的蛇身，循环比较每一节蛇身（包括蛇头）和食物坐标是否相同，一直比较到蛇尾为止。如果相同则表示生成的食物和蛇身重叠，第 11 行将循环检测标识 flag 置为 1，第 12 行再随机生成一个食物，继续食物新坐标位置和蛇身位置的下一次重叠检测。

```
01    //食物和蛇身重叠检测次数超过重叠检测阈值,则根据蛇运动方向设置食物坐标
02    void setFoodLocation(Food *food,Snake *head,int numOverlap,
                           char c){
03      if(numOverlap>OVERLAP){
04        if(c=='d'){
05          food->x=head->x+1;
06          food->y=head->y;
07          if(food->x>=LENGTH) food->x-=LENGTH;
08        }
09        else if(c=='a'){
10          ...
11        }
12        ...
```

```
13      }
14    }
```

setFoodLocation(Food * food，Snake * head，int numOverlap，char c)函数设置的主要目的是，当食物和蛇身重叠检测次数超过重叠检测阈值，为了游戏顺利进行，不至于让玩家等待太久，则将食物坐标位置直接置于蛇运动方向的前方，从而避免两者坐标位置的重叠。

形参 Snake * head、Food * food 分别为蛇身结构体指针和食物结构体指针，numOverlap 为食物坐标和蛇身坐标重叠检测次数，c 为字符变量，表示当前玩家操作的按键。算法思想是：第 3 行首先判断食物坐标和蛇身坐标重叠检测次数是否超过设定的阈值，如果超过，则判断蛇前进的方向，例如，第 4 行按键为 'd'，表示蛇向右移动，5－6 行按照蛇头坐标重新设置食物的坐标，将食物放置在蛇头前进方向的前方一个单位。第 7 行处理食物放置越过围墙界限的问题。对于按键 'a'、'w'、's' 的处理方法同按键 'd'，这里略去。

```
01    //设置当前按键
02    char setCurKeyButton(char c){
03      char c1=getch();
04      if(c1==27) return'x';
05      if(c!='d'&&c1=='a')  c=c1;
06      else if(c!='a'&&c1=='d')  c=c1;
07      else if(c!='w'&&c1=='s')  c=c1;
08      else if(c!='s'&&c1=='w')  c=c1;
09      return c;
10    }
```

setCurKeyButton(char c) 函数根据玩家的按键选择，设置当前的按键，以便确定蛇的移动方向。形参 char c 传入前一次按键情况。第 3 行从玩家获取一个最新的当前按键，4－8 行处理退出情况和四个方向键，其中，第 4 行为按 ESC 键设置返回字符为 'x'，表示退出；5－8 行分别处理左、右、上、下四个方向键。需要特别注意，其中 'a'，'d' 和 'w'，'s' 分别为两对方向矛盾的键，需要互斥处理。例如，第 5 行，如果前一次按键为蛇朝右移动，则不可将新的按键设为朝左移动。

```
01    //处理蛇的移动
02    void snakeMove(Snake *head,Snake *rear,char c){
03      Snake *pt=rear;
04      while(pt!=head){     //处理蛇身的移动
05        pt->x=pt->pre->x;
06        pt->y=pt->pre->y;
07        pt=pt->pre;
08      }
```

```
09     //以下处理蛇头的移动
10     if(c=='s'){
11       head->y+=1;
12       if(head->y>=WIDTH)  head->y-=WIDTH;
13     }
14     else if(c=='a'){
15       …
16     }
17     …
18   }
```

snakeMove(Snake * head，Snake * rear，char c)函数根据玩家的方向按键选择，使得蛇朝向指定方法移动。形参 Snake * head、Snake * rear 为蛇头和蛇尾结构体指针，char c 为当前的方向按键，当方向键为'a'、'd'、'w'、's'中的一个时，函数即会处理蛇的移动。

第 3 行设置一个蛇身结构体指针 pt，并将之指向蛇尾。4－8 行处理蛇身的移动，具体算法为：从蛇尾向蛇头移动，只要 pt 不指向蛇头，那么就将当前蛇身的前一节蛇身的坐标赋予当前蛇身，逻辑上 pt 指向的当前蛇身就朝着蛇头移动了一个蛇身的位置。4－8 行的处理需要学生熟悉单链表的遍历操作。9 行以下到本函数结束为蛇头的移动处理。具体根据形参 c 决定移动方向，例如第 10 行，当按键为's'时，表示蛇将向下移动，因此第 11 行蛇头的纵坐标加 1，第 12 行考虑了蛇头的纵坐标如果超过围墙宽度，则需重新计算蛇头的纵坐标。当按键为'a'、'd'、'w'时，处理方法类似，不再赘述。

```
01   //绘制蛇、食物和围墙
02   void drawPicture(Snake *head,Food *food){
03     int flag;
04     Snake *pt;
05     system("cls");
06     printf("---------------\n");      //绘制上围墙
07     for(int j=0;j<WIDTH;j++){
08       printf("|");                    //绘制左围墙
09       for(int i=0;i<LENGTH;i++){
10         flag=0;
11         pt=head;
12         while(pt){                     //绘制蛇
13           if(i==pt->x&&j==pt->y){
14             if(pt==head)printf("■");   //绘制蛇头
15             else printf("□");           //绘制蛇身
16             flag=1;
```

```
17              break;
18            }
19          pt=pt->next;
20        }
21        if(flag==0){      //绘制食物
22          if(i==food->x&&j==food->y){
23            putchar(food->c);
24            putchar(food->c);
25            continue;
26          }
27          printf("  ");
28        }
29      }
30      printf(" | ");      //绘制右围墙
31      putchar('\n');
32    }
33    printf("----------------\n");      //绘制下围墙
34  }
```

drawPicture(Snake * head，Food * food)函数根据各节蛇身的坐标和食物的坐标绘出蛇和食物，同时也简单绘出四周封闭的围墙。形参 Snake * head、Food * food 分别为蛇身结构体指针和食物结构体指针。第 5 行为清屏操作，第 6、33 行分别绘制上、下围墙，7—32 行由上到下处理构成围墙的每一行情况，其中第 8、30 行分别绘出左、右围墙，9—29 行处理每一列的情况，其中 12—20 行为绘制蛇操作，同样涉及单链表的遍历操作。算法思想是：从蛇头开始绘制蛇，依次取出每节蛇身的坐标，在相应坐标绘制蛇身（用小方块表示）。21—28 行为绘制食物操作，在相应的食物坐标对应的位置绘制食物（用大写英文字母表示，请参见 creatFood(Food * food)函数）。

3. 游戏主调文件 doMain .cpp

```
01  #include<time.h>
02  #include"snake.h"
03  void main(){
04    int testNum=0;      //食物和蛇身重叠检测次数
05    char c='d';      //方向按键初始化为'd',即蛇初始向右移动
06    srand((unsigned)time(NULL));      //随机种子
07
08    Food food={5,8,'A'};      //初始化食物
09    Snake snake,*head,*rear;      //定义结构体和结构体指针
10    initSnake(&snake);      //初始化蛇身
```

```
11      head=rear=&snake;        //初始化的蛇只有蛇头
12
13    while(1){//游戏循环,直到游戏结束条件成立
14      drawPicture(head,&food);              //绘图,绘制蛇、食物和围墙
15
16      /* 蛇吃到食物后的处理* /
17      if(isSnakeEatMeetFood(head,&food)){    //蛇吃到食物后
18        rear=snakeGrow(head);                //蛇身增长一节
19        creatFood(&food);                    //随机生成食物
                              //避免食物坐标和蛇身重叠,重新生成食物
20        testNum=avoidOverlap(head,&food);
21
22        setFoodLocation(&food,head,testNum,c); //食物和蛇身重叠检测次
23                                               数超过重叠检测阈值,则根据
24                                               蛇运动方向设置食物坐标位置
25      }
26
27      /* 按键处理* /
28      if(kbhit())c=setCurKeyButton(c);       //设置当前按键
29      if(c=='x')break;           //按键结束游戏条件成立,结束游戏
30
31      snakeMove(head,rear,c);                //蛇朝着蛇头方向移动
32      if(isSnakeEatItself(head)){
                              //判断游戏结束,当蛇头碰到蛇身
33        puts("game over! \n");
34        break;
35      }
36      _sleep(150);     //屏幕刷新时间间隔
37    }
38    getch();
39  }
```

　　主函数实现游戏各个功能模板的调用,第6行按系统时间生成随机种子,主要为了食物随机在围墙中的安放和食物的随机字符表示。第8行初始化食物,将食物左边定为(5,8),并用'A'表示食物。9—11行为蛇的初始化工作。13—37行为游戏循环主体,退出游戏有2个条件,一个在第29行,如果按键为ESC键,则退出游戏,另一个在32—35行,当蛇头碰到蛇身时,游戏退出。第14行绘制蛇、食物和围墙。17—25行为蛇吃到食物后的处理,包括第17行判断蛇是否吃到食物,如果吃到食物,在第18行蛇身将增长一节。19—22行对随机生成的食物进行处理,主要为了避免新生成的食物坐标和蛇身坐标重叠。第19将重新随机生成新的食物,第20行为了避免新生成的食物和蛇身重叠的相关处理,第21行则食物和蛇身重叠检测次数超过重叠检测阈值,则根据蛇

运动方向设置食物坐标位置，以避免连续的重叠。第28行为按键处理，即根据玩家按键设置游戏的当前按键，目的是明确蛇的移动方向。第31行为蛇的移动处理，规定蛇身必须朝着蛇头方向移动。第36行为程序屏幕刷新时间间隔，这里的屏幕刷新有闪烁感。为了简化程序，将注意力放在熟练掌握结构体指针的用法上，因此没有过多考虑游戏界面的问题。

为了整体掌握主函数对各个功能模块的调用，请参考6.3.4系统流程图以获得清晰的认识。

6.3.6　项目扩展

(1)如果蛇在移动过程中，撞到墙壁也表示游戏结束，该如何实现？

(2)如果游戏功能需要计分，如吃掉一个食物，计10分，该如何实现？

(3)当积分达到一定值，提高蛇的移动速度，该如何实现？

(4)如果游戏功能需要计时积分，该如何实现？

6.4　拓展项目

(1)找最大值。

有一个整型二维数组，大小为5×4，数组元素的值在主函数输入，并要求编写一个函数max(int *p, int m, int n)找出其中最大值所在的行和列，以及该最大值。其中指针p指向数组，m为数组的行数，n为数组的列数。

(2)找最小值并求和。

自定义函数SumColumMin的功能是：求出M行N列二维数组每列元素中的最小值，计算这些最小值和，通过函数返回【函数头部规定如下：int SumColumMin(int a[M][N], int * min)】。在主函数中调用SumColumMin函数，任意输入M * N个数，输出所有列的最小值和这些最小值之和。

(3)参数字符统计。

编写fun()函数【提示：void fun(char * s, int * t)】，其功能是实现统计形式参数s所指字符串中数字字符出现的次数，并存放在形参t所指的变量中。

例如：形参s所指字符串为：abcdef35agd3khe7，则数字出现的次数为4次。在main()函数中，从键盘输入一行字符(字符个数不超过80个)到字符数组str中，调用fun()函数，统计出数字出现的次数，并在屏幕上输出结果。要求：用指针实现fun()函数的功能，否则按零分处理。

(4)数字提取。

用指针编程实现：将用户输入的由数字字符和非数字字符组成的字符串(字符个数不超过256个)中的数字提取出来，例如：输入"msl123xyz456hkl789"，则提取的数字分别是123、456和789。将结果打印在屏幕上(要求每个数字一行)。要求：用指针实现函数的功能，否则按零分处理。

(5)对指定序列反序输出。

编写函数 fun，原型为 void fun(int * a，int m，int n)，其中 a 为数组、m 为起始位置，n 为指定交换的数据个数。其功能是实现对从指定位置 m 开始的 n 个数反序。编写 main 函数，在 main 函数中，输入 10 个数，指定位置 m 和要反序的数据个数 n；调用 fun 函数，最后输出反序后的 10 个数。

例如：输入的数为：1，2，3，4，5，6，7，8，9，10。若要对从第 3 个数开始的 7 个数进行反序，则最后输出的结果为：1，2，9，8，7，6，5，4，3，10。要求：用指针实现 fun 函数的功能。

(6)自定义函数实现系统库函数功能。

自定义函数完成库函数 strcat，strcpy，strlen 等字符串函数的功能，并编写主函数来测试。要求：用指针实现 strcat，strcpy，strlenn 函数的功能。

(7)图书管理系统。

对图书的库存信息、借阅信息和用户信息进行管理。

要求：

①基础数据包括：

图书信息：图书编号、ISBN、书名、作译者、出版社、价格、复本数、库存量等；

用户信息：借书证号、姓名、性别、出生日期、专业等；

借阅信息：图书编号、借书证号、ISBN、借书时间等。

②所有数据数量均不确定，程序启动运行时，由用户分别输入，完成数据初始化。

③系统提供所有信息的增、删、改、查界面。

④要求用链表实现(单、双向或是否循环不限)。

(8)学生选课管理系统。

对学校的课程信息、学生选课信息进行管理。

要求：

①基础数据包括：

课程信息：课程编号、课程名、学时、学分、开课学期、任课教师、开课学院等；

学生选课信息：学号、姓名、性别、专业、班级、课程编号等。

②所有数据数量均不确定，程序启动运行时，由用户分别输入，完成数据初始化。

③系统提供所有信息的增、删、改、查界面。

④主要的功能包括：系统初始化、增加课程信息、查询课程信息、查询学生选课信息。

⑤要求用链表实现(单、双向或是否循环不限)。

(9)银行排号系统。

银行大厅办理业务时，客户需要根据先后次序领取排号单，然后等待广播里喊到自己的号码，才办理业务。本程序模拟此排号流程，要求如下：

①操作人员通过键盘输入每个客户的 ID 号(假设 ID 号不超出 10 个字符且唯一，即输入时不考虑重复问题)，表示有一个客户排队。

②可以输入任意个客户 ID 号，并且可以随时停止输入。

③停止输入后，按排队顺序依次输出现有客户的 ID 号信息。

实战 7　文件操作及应用

通过前面有关章节的学习，我们学会了使用数组和指针技术，对内存数据进行组织和管理的方法。这种方式可以让数据临时保存在内存中，一但关机或程序结束后，所有的数据都将丢失。为了能把数据有效地保存在磁盘等存储介质上，形成永久的文件，并在下次开机时能还原以前的数据，我们可以通过 C 语言的文件操作来实现。

本实战项目首先通过一个简单的计数器程序，介绍如何用 C 语言对文件进行读、写操作。然后通过一个较完整的学生学籍管理系统，综合前面的指针技术，在内存中以链表的形式存储和管理数据，并用磁盘文件长期保存学生的学籍信息。该实战项目运行时，先从磁盘文件中读取以前数据，存储到系统的链表中，通过链表可以对学生信息进行增、删、改、查，并可以随时把内存数据写入文件中，程序结束前，会自动将链表中的最终数据写入磁盘文件。

7.1　简单计数器(程序运行次数统计)

7.1.1　项目功能需求

一个程序的运行次数不能保存在内存中，一旦程序运行结束后，保存在内存中的数据就会丢失。为了能够把每次程序运行的次数都记载下来，可以采用磁盘文件或数据库来保存数据，本项目就是通过磁盘文件的形式把程序的运行次数保存下来。

要求：

(1)程序运行时，打开磁盘的数据文件，读取已运行次数。

(2)在内存中计算本次程序的运行次数。

(3)显示该程序当前运行次数。

(4)程序结束前，保存运行次数到磁盘数据文件中。

(5)程序运行的效果如下：

```
该程序已运行:229 次
------------------------------------
下面将运行次数写入计数器文件(counter.dat)…
写入文件结束!
程序运行结束!
------------------------------------
```

7.1.2　知识点分析

程序的关键在对磁盘文件的读写操作上，将使用文件类型 FILE(一种特定的结构体类型，在 stdio. h 头文件中已由系统定义)的指针，来完成对文件的打开、读取数据、写入数据、关闭等操作。

在对一个文件操作时，需要注意以下几点：

(1)一个文件必须打开才能访问。

(2)一个文件使用完毕后必须关闭，以避免数据丢失。

(3)打开一个文件时，需要的信息包括：要访问的文件名、使用文件的方式(读或写)、指向被打开文件的指针变量。

通过实验可达到如下目标：

(1)掌握文件类型 FILE 指针的声明和使用方法。

(2)掌握文件的打开函数 fopen()的使用方法及文件的打开方式。

(3)掌握文件的读写函数，特别是格式化读写函数 fprintf()与 fscanf()的使用方法。

(4)掌握文件关闭函数 fclose()的使用方法。

7.1.3　算法思想

(1)程序要求以磁盘文件的形式保存运行次数，当程序第一次运行时，该文件还没有建立，不能打开指定的计数器文件(counter. dat)，此时统计运行次数从 1 开始即可。

(2)每次程序运行时，从计数器文件(counter. dat)中读取已运行次数，加 1 后即为程序当前运行次数，在程序结束前，把新的数据覆盖写入计数器文件(counter. dat)即可。

(3)计数器文件的位置可以放在磁盘的不同目录中，程序将计数器文件的存储位置定义为宏，便于用户修改(当然也可以从键盘输入)：

♯define FilePath　"指定路径 \\ counter. dat"

(4)程序主要包括两个功能模块，即：从计数器文件中读取数据和写数据到计数器文件，分别使用函数 readCounter()和 writeCounter()来完成。

7.1.4　系统流程图

系统的流程设计如图 2-7-1 所示：

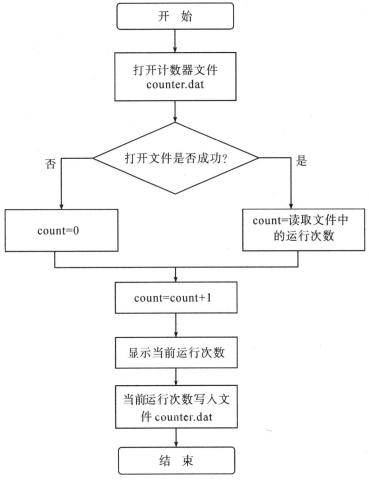

图 2-7-1 "简单计数器"流程图

7.1.5 项目实现

下面是项目主要代码及技术要点的分析:

```
01   #include "stdio.h"        //文件处理需要
02   #include "stdlib.h"        //system()需要
03   #define FilePath "counter.dat"   //数据文件的位置,可以根据实际情况修改
04
05   int readCounter(char* path);      //从文件中读取程序运行的次数
06   //将当前程序运行的次数写入文件
07   void writeCounter(int count,char* path);
08
09   void main()
10   {
11     int count=0;                 //临时变量,用于计算当前程序运行的次数
```

```
12    //从文件中读取数据,并计算当前程序运行的次数
13    count=readCounter(FilePath)+1;
14    printf("该程序已运行:%d次\n",count);
15    printf("--------------------------\n");
16    printf("下面将运行次数写入计数器文件(counter.dat)……\n");
17    writeCounter(count,FilePath);        //将当前程序运行的次数写入文件
18    printf("写入文件结束! \n");
19    printf("程序运行结束! \n");
20    printf("--------------------------\n");
21    system("pause");      //程序暂停
22    }
```

代码中：

1 行使用＃include 语句导入相关库文件(文件的操作，需要头文件 stdio.h 支持)。

3 行＃define FilePath "counter.dat"，将计数器文件的访问路径定义为宏，本程序使用项目的当前路径作为数据文件的访问路径，可根据需要修改为一个指定的路径。如："E：\\ mydata \\ counter.dat"。

5—7 是程序中的函数原型声明。

9—22 行为程序的主函数。首先通过调用函数 readCounter()，从计数器文件 counter.dat 中读取数据，并计算当前程序的运行次数，显示结果。在程序结束前，通过调用函数 writeCounter()，把当前程序运行次数数据写入计数器文件 counter.dat。

```
01    //从文件中读取程序运行的次数
02    int readCounter(char* path)
03    {
04        FILE* fp;        //文件指针
05        int count;
06        //以读的方式打开文件,如果第一次运行,返回 0
07        if((fp=fopen(path,"r"))==NULL)
08        {
09        printf("没有计数器文件:counter.dat,保存运行次数时将新建该文件!
10        \n");
11        return 0;
12        }
13        fscanf(fp,"%d",&count);              //读取数据到变量 count
14        fclose(fp);        //关闭文件
15        return count;        //返回运行次数
16    }
```

readCounter()函数完成从计数据器文件 counter.dat 中读取程序运行次数的功能。具体实现是：通过文件指针 fp 以只读的方式("r")打开文件 counter.dat，并使用格式化

读函数 fscanf()读取数据，最后返回读取结果。

需要说明的是，如果第一次运行该程序，计数器文件 counter. dat 不存在，打开文件操作会失败，此时直接返回 0 即可。

打开文件格式：fp＝fopen(文件名，文件打开方式)；

格式化读函数格式：fscanf(文件指针，格式字符串，输入表列)；

关闭文件格式：fclose(文件指针)。

```
01   //将当程序运行次数写入文件
02   void writeCounter(int count,char *path)
03   {
04     FILE *fp;
05
06     if((fp=fopen(path,"w"))==NULL)            //以写方式打开
07     {
08       printf("无法创建计数器文件文件! \n");
09       return;
10     }
11     fprintf(fp,"%d",count);          //写入数据到文件中
12     fclose(fp);                //关闭文件
13   }
```

writeCounter()函数用于将程序的运行次数写入磁盘文件。具体操作是：通过文件指针 fp 以写的方式("w")打开文件 counter. dat，并使用格式化写函数 fprintf()将数据写出。如果打开文件失败，则无法创建计数器文件，程序直接退出。

格式化写函数格式：fprintf(文件指针，格式字符串，输出表列)。

7.1.6　项目扩展

(1)该程序读写的是一个文本文件，如果要读写一个二进制文件，该如何修改程序？

(2)该程序中没有对读取的数据作数字判断，如果要增加数据合理性的判断，该如何修改程序？

(3)读写文件时，如果不用 fscanf()和 fprintf()，而使用 fgetc()和 fputc()，该如何实现？

7.2　学生学籍管理系统(结构体＋文件＋综合)

7.2.1　项目功能需求

有学生成绩登录表如下：

表 2-7-1 学生成绩表

学号	姓名	性别	年龄	C 语言	英语	高数	平均成绩
201210409601	刘子栋	男	19	92	85	86	87.7
201210409602	童雨嘉	女	19	88	66	82	78.7
201210409603	杨欣悦	女	18	78	93	68	79.7
201210409604	王子濠	男	19	67	77	75	73
…	…	…	…	…	…	…	…

其中：

学号是由长度为 12 的数字字符组成；姓名最大长度为 10 个字符；性别最多允许 4 个字符；年龄为整数；成绩包括三项(C 语言、英语、数学)，均为整数，总成绩允许有一位小数。

要求：

(1)学生信息可长期保存在磁盘文件 studentInfo. dat 中。

(2)学生学籍管理系统可完成对学生成绩信息的增、删、改、查操作。

(3)"平均成绩"项应通过计算获得，不从键盘输入。

(4)第一次使用该系统时，可从键盘输入初始数据，并建立初始学生信息磁盘文件：studentInfo. dat。

(5)学生信息在内存中使用单链表进行存储和管理，如果增加、删除或修改学生信息后，可根据需要随时保存到文件中。

(6)退出系统前，要求把当前系统内的数据保存到文件中。

(7)系统启动后，给出主操作菜单让用户选择操作，主菜单项如下：

```
请选择排序字段：
------------------------------
(1) 显示所有学生信息    (2) 查询单个学生信息
(3) 修改学生信息       (4) 删除学生信息
(5) 增加学生信息       (6) 保存修改
(0) 退出程序
------------------------------
```

当用户在主菜单中选择"(2)查询单个学生信息"后，将进一步给出查找子菜单，让用户选择查询方式，查找子菜单项如下：

```
请选择查找操作：
------------------------------
(1)按学号查找学生信息 (2)按姓名查找学生信息
------------------------------
```

当用户在主菜单中选择"(3)修改学生信息"时，系统会提示输入要修改学生的学号，正确输入学号后，将进一步给出修改子菜单，让用户选择修改内容，修改子菜单项如下：

请选择修改操作：

----

(1) 修改学生的年龄　　　　(2) 修改学生的《C 语言》成绩

(3) 修改学生的《英语》成绩　　(4) 修改学生的《高数》成绩

以上操作可以反复进行，直到用户选择"退出程序"。

7.2.2　知识点分析

程序处理的对象是学生，由于每个学生有姓名、性别等若干属性，所以属于复杂的数据类型，可以使用结构体处理。

本项目是一个综合性项目，涉及结构体、指针、单链表和文件操作。管理系统使用的数据，运行时，采用单链表进行存储和管理；结束时，使用磁盘文件进行长期保存。

通过实验可达到如下目标：

(1) 掌握结构体的声明和使用。

(2) 掌握单链表的建立、查询、修改及删除结点操作。

(3) 进一步掌握文件的打开、读写和关闭操作。

(4) 掌握通过指针动态分配和释放内存空间的操作。

(5) 进一步掌握通过指针和结构体处理复杂数据结构的操作。

7.2.3　算法思想

(1) 本项目的数据以磁盘文件的形式长期保存，在程序运行时，将首先从文件(studentInfo. dat)中导入数据到内存中，并以单链表的形式存储。如果是第一次运行该程序，将提示用户以从键盘输入初始数据，并在数据输入完成后，建立相应磁盘文件(studentInfo. dat)。

(2) 程序正常运行后，将针对单链表中的数据进行增、删、改、查，并可随时将修改结果保存到文件中。

(3) 程序包括创建初始数据文件、导入文件数据、显示操作菜单、显示学生信息、查询学生信息、增加学生信息、修改学生信息、删除学生信息、保存修改等功能，这些功能相对独立，根据结构化、模块化的编程思想，应该将它们单独编写成函数。除创建初始数据文件只运行一次外，其他的都应放到循环体中反复操作，直到程序中止。系统功能模块图如图 2-7-2 所示：

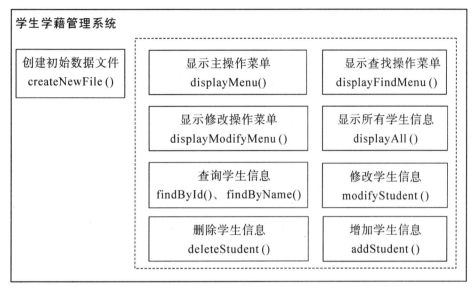

图 2-7-2　学生学籍管理系统功能模块图

(4)在创建初始数据文件时，由于输入的学生人数不确定，因此，这个过程应该考虑无限循环，直到特定输入退出。本程序采用在输入学号时，输入'＄'符号结束输入：

> 下面将输入学生信息(学号输入'＄'符号,结束输入)：
> 请输入第 20 个学生信息：
> ----------------------------
> 学号(12 个字符以内):＄

但是这种方式容易造成误输入，请考虑更合理的结束方式。

(5)内存中使用链表存储学生对象，可以使系统对数据的管理更灵活，链表节点的结构如下：

①单向链表节点：

学生结构体	指向下一个学生结构体的指针

②双向链表节点：

指向上一个学生结构体的指针	学生结构体	指向下一个学生结构体的指针

(6)关于链表的操作算法分析，可以参考项目 5.2 中的算法分析，本项目采用的是无头节点单链表存储数据，节点的结构如图 2-7-3 所示：

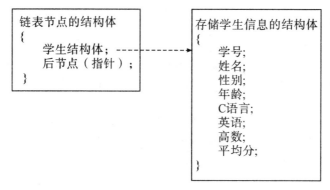

图 2-7-3　节点结构图

代码如下：

```
01   //存储学生信息的结构体
02   typedef struct Stu
03   {
04       char id[IDLen];                          //学号
05       char name[NameLen];                      //姓名
06       char sex[SexLen];                        //性别
07       int age;                                 //年龄
08       int cp;                                  //C 语言
09       int en;                                  //英语
10       int math;                                //高数
11       double avg;                              //平均分
12   }Student;
13
14   //单链表节点
15   typedef struct Node
16   {
17       Student stu;                             //学生信息域
18       struct Node *next;                       //链表的后继指针
19   }StudentNode;
```

无头节点的单链表示意图如图 2-7-4 所示：

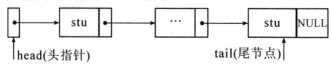

图 2-7-4　无头节点的单链表示意图

(7)本程序在增加学生时，都是把新增学生信息插入到链表表尾，如果从插入节点效率最高来考虑，最佳方式是把新增节点插入到链表开始的位置。

(8)本程序删除节点算法是：首先在链表中找到被删节点，将被删节点的后继节点数据复制到被删节点后，把被删节点的后继脱链，并释放其占用空间，其操作步骤如图 2-7-5 所示：

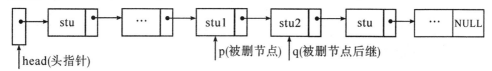

（a）找到被删节点 p 及被删节点后继 q

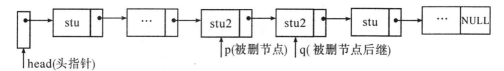

（b）复制 * q 的数据到 * p

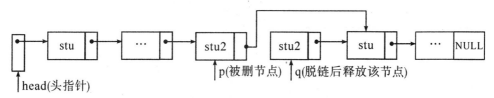

（c）节点 * q 脱链

图 2-7-5　删除链表节点示意图

实现代码如下：

```
01  p= findById(head,id);      //按学号查找学生,并将 p 指向找到节
02  if(p==NULL)
03  {
04      printf("\n 要修改的学生不存在！\n");
05      system("pause");
06      return;
07  }
08  q= p- > next;      //将 q 指向要删除节点的后继
09  p- > stu= q- > stu;      //复制被删节点后继学生信息到被删节
10  p- > next= q- > next;   //将 q 指向的节点脱链
11  free(q);            //释放 q 指向节点的空间
```

（9）从数据文件中导入数据时，可使用函数 feof(fp)判断文件是否结束。判断文件是否结束处理需注意：当文件指针指向最后一个数据时，文件还没有结束，需要再读一次，当越过最后一个数据时，函数 feof(fp)返回值才为"真"。所以代码在进入判断之前，应先从文件中读一次数据，其实现结构如下：

```
01  fread(&stu,sizeof(Student),1,fp);      //从数据文件中读取一条记录
02  while(! feof(fp))      //如果文件没有结束,继续循环
03  {
```

```
04    ……//处理数据
05    fread(&stu,sizeof(Student),1,fp);//从数据文件中读取下一条记录
06    }
```

7.2.4 系统流程图

系统的流程设计如图 2-7-6 所示：

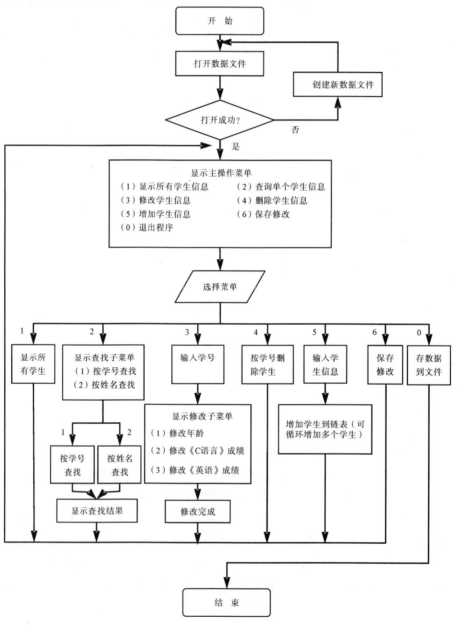

图 2-7-6 学生学籍管理系统流程图

7.2.5 项目实现

项目相关代码实现及解释如下：

```
01  #include "stdio.h"          //文件操作需要
02  #include "malloc.h"         //malloc(),free()函数需要
03  #include "string.h"         //strcmp()函数需要
04  #include "stdlib.h"         //exit(),system()函数需要
05  #include "conio.h"          //getche()函数需要
06
07  #define IDLen 13            //ID字段长度
08  #define NameLen 11          //姓名字段长度
09  #define SexLen 5            //性别字段长度
10  #define FilePath"studentInfo.dat"      //数据文件的位置
11
12  //存储学生信息的结构体
13  typedef struct Stu
14  {
15    char id[IDLen];           //学号
16    char name[NameLen];       //姓名
17    char sex[SexLen];         //性别
18    int age;                  //年龄
19    int cp;                   //C语言
20    int en;                   //英语
21    int math;                 //高数
22    double avg;               //平均分
23  }Student;
24
25  //存储学生信息单链表节点类型
26  typedef struct Node
27  {
28    Student stu;              //学生信息域
29    struct Node *next;        //链表的后继指针
30  }StudentNode;
31
32  char choice=0;              //菜单选择值
33
34  void createNewFile(char *path);     //创建初始数据文件
35  StudentNode *importData(FILE *fp);      //导入数据文件中的数据
```

```
36   StudentNode *initData();        //初始化管理系统数据
37   void displayMenu();       //显示主操作菜单
38   void displayFindMenu();        //显示查找子菜单
39   void displayModifyMenu();        //显示修改子菜单
40   void displayAll(StudentNode *head);     //显示所有学生信息
41   void displayOne(StudentNode *p);       //显示一个学生信息
42   StudentNode *findById(StudentNode *head,char *id);   //按学号查找学
生
43   StudentNode *findByName(StudentNode *head,char *name);   //按姓名
查找学生
44   void modifyStudent(StudentNode *head);      //修改学生信息
45   void deleteStudent(StudentNode *head);       //删除学生信息
46   void addStudent(StudentNode *head);      //增加一个学生
47   void saveData(StudentNode *head);       //保存数据到文件中
48
49   void main()
50   {
51     StudentNode *stuHead,*p;      //存储学生信息的单链表
52     char id[IDLen];      //临时变量,用于接收输入的学号
53     char name[NameLen];      //临时变量,用于接收输入的姓名
54     stuHead=initData();       //初始化系统数据,导入学生信息
55
56     while(1)
57     {
58       displayMenu();      //显示主操作菜单
59       switch(choice)
60       {
61       case'1':               //选择主菜单'1',则显示所有学生信息
62         displayAll(stuHead);      //显示所有学生信息
63         break;
64       case'2':      //选择主菜单'2',则查找一个学生信息
65         displayFindMenu();      //显示查找子菜单
66         switch(choice)
67         {
68         case'1':      //选择查找子菜单'1',则按学号查找
69           printf("\n 请输入要查找学生的学号:");
70           scanf("%s",id);
71           p=findById(stuHead,id);         //按学号进行查找
```

```
72              break;
73          case'2':      //选择查找子菜单'2',则按姓名查找
74              printf("\n请输入要查找学生的姓名:");
75              scanf("%s",name);
76              p=findByName(stuHead,name);           //按姓名进行查找
77              break;
78          }
79          displayOne(p);      //显示找到的学生信息
80          break;
81      case'3':      //选择主菜单'3',则修改学生信息
82          modifyStudent(stuHead);      //修改学生信息
83          break;
84      case'4':                              //选择主菜单'4',则删除学生信息
85          deleteStudent(stuHead);      //删除学生操作
86          break;
87      case'5':                              //选择主菜单'5',可增加学生
88          addStudent(stuHead);      //增加学生
89          break;
90      case'6':                              //选择主菜单'6',则保存数据
91         saveData(stuHead);      //保存数据到文件中
92          break;
93      case'0':                              //选择主菜单'0',则退出程序
94         saveData(stuHead);      //保存数据到文件中
95         exit(0);
96      }
97   }
98 }
```

代码前 5 行使用 #include 语句导入相关库文件。

7—10 行将程序中用到的几个常量定义为宏。

13—23 行定义用于存储学生信息的结构体,包括学号、姓名、性别、成绩等属性。

26—30 行是单链表结构体的定义。该结构中包括指向后继节点的指针和学生结构体属性。

32 行定义了一个全局变量 choice,主要用来存储菜单操作的选择。

34—47 行是程序中的函数声明。根据结构化、模块化设计的思想,将程序功能分解为相对独立的几个功能模块,分别完成创建初始数据文件、导入文件数据、显示操作菜单、显示学生信息、查询学生信息、增加学生信息、修改学生信息、删除学生信息、保存修改等功能。各功能模块之间的数据主要以参数的形式传递。

49—98 行为程序的主函数。首先通过调用函数 initData() 完成系统初始数据的准备,

包括新建数据文件(第一次运行该系统时才会新建数据文件)和导入数据信息，然后是 while 无限循环语句块。循环体中首先通过调用 displayMenu()函数显示主操作菜单(在该函数中接受用户的输入并存储到全局变量 choice 中)，然后根据用户选择的操作(choice 的值)决定下一步操作。

☞注意：

(1)在选择主操作菜单 2 时，会调用函数 displayFindMenu()，弹出查询子菜单。通过进一步选择，可按学号或姓名查询学生信息。

(2)在选择主操作菜单 3 时，会调用函数 displayModifyMenu()，弹出修改子菜单。通过进一步选择，可修改学生的年龄和各成绩信息。

(3)在退出程序时，会把当前系统的修改自动保存到数据文件中。

```c
01   //建立新的数据文件
02   void createNewFile(char *path)
03   {
04     FILE *fp;          //定义文件指针
05     Student stu;       //临时变量,用于接收输入的学生信息
06     int i=1;           //临时变时,用于统计输入学生的人数
07
08     if((fp=fopen(path,"w"))==NULL)      //以写的方式打开数据文件
09     {
10       printf("\n 无法建立新文件! \n");
11       return;
12     }
13     printf("\n 下面将输入学生信息(学号输入\'$ \'符号,结束输入):\n");
14     while(1)
15     {
16       printf("\n 请输入第%d 个学生信息:\n",i++);
17       printf("--------------------------\n");
18       printf("学号(12 个字符以内):\t");
19       scanf("%s",stu.id);
20       stu.id[IDLen-1]='\0';    //最后一个字符强行加一个结束符
21       if(strcmp(stu.id,"$")==0)
22       {
23         printf("输入学生信息结束! \n");
24         fclose(fp);
25         return;
26       }
27       printf("姓名(10 个字符以内):\t");
28       scanf("%s",stu.name);
```

```
29      stu.name[NameLen-1]='\0';           //最后一个字符强行加一个结束符
30      printf("性别(4个字符以内):\t");
31      scanf("%s",stu.sex);
32      stu.sex[SexLen-1]='\0';              //最后一个字符强行加一个结束符
33      printf("年龄(整数):\t\t");
34      scanf("%d",&stu.age);
35      printf("《C语言》成绩(整数):\t");
36      scanf("%d",&stu.cp);
37      printf("《英语》成绩(整数):\t");
38      scanf("%d",&stu.en);
39      printf("《高数》成绩(整数):\t");
40      scanf("%d",&stu.math);
41      stu.avg=(stu.cp+ stu.en+ stu.math)/3.0;
42      printf("--------------------------\n");
43      fwrite(&stu,sizeof(Student),1,fp);      //写入数据到文件
44    }
45  }
```

上述函数完成学生信息的输入，并创建一个新的数据文件。

8 行以写的方式打开一个数据文件，可创建一个新文件。如果创建失败，则返回，并给出错误信息。

14—44 行从键盘循环输入学生信息，每次循环输入一个学生信息，并写入数据文件中。

21—26 行判断是否结束输入，当输入的学号是"＄"符号时，结束输入，否则继续输入。

其他输入格式说明，参考项目 4.1 的输入说明。

```
01  //导入数据
02  StudentNode *importData(FILE *fp)
03  {
04    StudentNode* head= NULL,*p,*q;   //head 指向链表头;p 指向新节点;
05                                     //q 指向链表最后一个节点
06    Student stu;//用来存储学生信息的临时变量
07
08    fread(&stu,sizeof(Student),1,fp);   //从数据文件中读取一个学生信息
09    while(! feof(fp))      //如果文件没有结束,继续循环
10    {
11      if(head==NULL)      //单链表的第一个节点的处理
12      {
13  //分配节点空间
```

```
14        head= (StudentNode*)malloc(sizeof(StudentNode));
15        head->stu=stu;      //把从文件中读入的记录,赋给链表第一个节点
16        head->next=NULL;        //把节点的后继指针置 NULL
17        q=head;
18      }
19      else      //非第一个节点的处理
20      {
21        p=(StudentNode*)malloc(sizeof(StudentNode));
22        p->stu=stu;
23        p->next=NULL;
24        q->next=p;      //链接新节点到表尾
25        q=p;          //把 q 指针指向新节点
26      }
27      fread(&stu,sizeof(Student),1,fp);    //从数据文件中读取下一条记录
28    }
29    return head;      //返回单链表的表头指针
30  }
```

importData()函数完成从数据文件中读取数据,并在内存中建立一个单链表来保存数据。函数的参数是一个文件指针(指向打开的文件),调用该函数可返回单链表的表头指针。

4—6 行定义了函数中使用的临时变量,head 指针指向单链表的表头节点,p 指针指向动态分配的新节点,q 指针指向链表的尾节点,stu 用于存储从文件中读取的学生信息。

8 行从文件中读取一条学生记录,即一个学生的信息。注意 fread()函数的用法。

9—28 行从文件中循环读取学生信息,建立相应的单链表。其中第 9 行使用了 feof()函数来判断文件是否结束;11—18 行,处理单链表的第一个节点输入;19—26 行,处理单链表其他节点的输入(非第一个节点);第 27 行,读取下一个学生信息。

代码 29 行返回单链表的表头指针。

☞注意:

(1)动态分配函数 malloc()的返回值类型是"void ∗",所以分配空间后,要强制转换成使用的类型,如"StudentNode ∗",可参看代码的第 14 行和 21 行的处理格式。

(2)产生新节点后,要把后继指针置空,即:p—>next=NULL;。

(3)保持 q 指针指向表尾,代码如 24—25 行所示。

```
01  //初始化系统数据
02  StudentNode *initData()
03  {
04    FILE *fp;
```

```
05      StudentNode *stuHead;
06      //如果第一次使用系统,打开文件不成功
07      if((fp=fopen(FilePath,"r"))==NULL)
08      {   //可新建一个数据文件
09        createNewFile(FilePath);         //新建一个初始的数据文件
10        if((fp=fopen(FilePath,"rb"))==NULL)  //如果新建的数据文件不成功
11        {
12          printf("\n 无法初始化数据,退出系统! \n");
13          exit(1);    //退出程序
14        }
15        stuHead=importData(fp);      //导入新建文件的数据
16      }
17      else    //如果数据文件存在,直接导入数据
18        stuHead=importData(fp);        //导入已有文件的数据
19      fclose(fp);      //关闭文件
20      return stuHead;      //返回存储数据的单链表表头
21    }
```

　　函数 initData()用于在系统启动时准备初始数据。当指定的数据文件存在时,则打开该文件,通过调用函数 importData()导入学生数据;当指定的数据文件不存在时(第一次使用该系统),则先调用函数 createNewFile()创建一个新的数据文件,再通过调用函数 importData()导入学生数据。

☞注意:
　　导入数据完成后,一定要关闭文件。

```
01   //显示主操作菜单
02   void displayMenu()
03   {
04     while(1){
05       system("cls");      //清除屏幕
06       printf("\n 请选择操作:\n");
07       printf("-------------------------\n");
08       printf("(1)显示所有学生信息\t");
09       printf("(2)查询单个学生信息\n");
10       printf("(3)修改学生信息\t");
11       printf("(4)删除学生信息\n");
12       printf("(5)增加学生信息\t");
13       printf("(6)保存修改\n\n");
14       printf("(0)退出程序\n");
```

```
15      printf("------------------------\n");
16      choice=getche();
17      printf("\n");
18      if((choice-'0')<0||(choice-'0')>6)
19      {
20        printf("\n请选择正确的操作！\n");
21        system("pause");//暂停
22      }
23      else
24        return;
25    }
26  }
27
28  //显示查找操作菜单
29  void displayFindMenu()
30  {
31    while(1){
32      system("cls");
33      printf("\n请选择查找操作:\n");
34      printf("------------------------\n");
35      printf("(1)按学号查找学生信息\t");
36      printf("(2)按姓名查找学生信息\n\n");
37      printf("------------------------\n");
38      choice=getche();
39      printf("\n");
40      if((choice-'0')<1||(choice-'0')>2)
41      {
42        printf("\n请选择正确的操作！\n");
43        system("pause");
44      }
45      else
46        return;
47    }
48  }
49
50  //显示修改操作菜单
51  void displayModifyMenu()
52  {
```

```
53    while(1){
54      system("cls");
55      printf("\n 请选择修改操作:\n");
56      printf("------------------------\n");
57      printf("(1)修改学生的年龄\t\t");
58      printf("(2)修改学生的《C 语言》成绩\n");
59      printf("(3)修改学生的《英语》成绩\t");
60      printf("(4)修改学生的《高数》成绩\n\n");
61      printf("------------------------\n");
62      choice=getche();
63      printf("\n");
64      if((choice-'0')<1||(choice-'0')>4)
65      {
66        printf("\n 请选择正确的操作！\n");
67        system("pause");
68      }
69      else
70        return;
71    }
72  }
```

2－26 行，函数 displayMenu()用于显示系统的主操作菜单。

29－48 行，函数 displayFindMenu()用于显示查找操作子菜单。

51－71 行，函数 displayModifyMenu()用于显示修改操作子菜单。

☞注意：

上面的菜单都是循环处理，直到输入正确的选择。

```
01  //显示所有学生信息
02  void displayAll(StudentNode *head)
03  {
04    StudentNode *p=head;
05
06    system("cls");
07    if(head==NULL)
08    {
09      printf("\n 没有学生信息！\n");
10      return;
11    }
12    printf("\n 所有学生的信息:\n===============\n");
```

```
13      printf("学号姓名性别年龄 C 语言英语高数平均分\n");
14      printf("-----------------------------\n");
15      while(p! = NULL)                    //循环输出单链表中的所有数据
16      {
17        printf("%-15s%-14s%-7s%-7d",p->stu.id,p->stu.name,
18          p->stu.sex,p->stu.age);
19        printf("%-7d%-7d%-7d%4.1f\n",p->stu.cp,p->stu.en,
20          p->stu.math,p->stu.avg);
21        p=p->next;        //移向下一个节点
22      }
23      printf("-----------------------------\n");
24      system("pause");
25    }
26
27    //显示一个学生信息
28    void displayOne(StudentNode *p)
29    {
30      system("cls");
31      if(p==NULL)
32      {
33        printf("\n 你要找的学生不存在！\n");
34        system("pause");
35        return;
36      }
37      printf("\n 查找到的学生信息:\n==============\n");
38      printf("学号姓名性别年龄 C 语言英语高数平均分\n");
39      printf("%-15s%-14s%-7s%-7d",p->stu.id,p->stu.name,
40        p->stu.sex,p->stu.age);
41      printf("%-7d%-7d%-7d%4.1f\n",p->stu.cp,p->stu.en,
42        p->stu.math,p->stu.avg);
43      printf("-----------------------------\n");
44      system("pause");
45    }
```

以上函数完成学生信息的显示功能。

2—25 行，函数 displayAll()用于显示所有学生信息，参数 head 传入单链表的表头指针。

28—45 行，函数 displayOne()用于显示一个学生的信息，参数 p 传入要显示学生节点的指针。

```
01   //按学号查找学生
02   StudentNode *findById(StudentNode *head,char *id)
03   {
04     StudentNode *p=head;
05
06     while(p! =NULL&&strcmp(p->stu.id,id)! =0)
07       p=p->next;
08     return p;
09   }
10   //按姓名查找学生
11   StudentNode *findByName(StudentNode *head,char *name)
12   {
13     StudentNode *p=head;
14
15     while(p! =NULL&&strcmp(p->stu.name,name)! =0)
16       p=p->next;
17     return p;
18   }
```

以上函数完成查找学生的功能。

2—9 行，函数 findById()用于按学号查找学生，参数 head 传入单链表的表头指针，参数 id 传入要查找学生的学号，返回找到学生的节点指针(若未找到，返回 NULL)。

11—18 行，函数 findByName()用于按姓名查找学生，参数 head 传入单链表的表头指针，参数 name 传入要查找学生的姓名，返回找到学生的节点指针(若未找到，返回 NULL)。

注意循环查找的条件和指针在查找过程中的移动，参看 6—7 行和 15—16 行代码所示。

```
01   //修改学生信息
02   void modifyStudent(StudentNode *head)
03   {
04     StudentNode *p;        //临时指针,用于指向要修改的节点
05     char id[IDLen];        //临时变量,用于接收输入的学号
06
07     system("cls");
08     printf("\n 请输入要修改学生的学号:");
09     scanf("%s",id);
10     p=findById(head,id);//按学号查找到指定的学生节点
11     if(p==NULL)
12     {
```

```
13        printf("\n 要修改的学生不存在! \n");
14        system("pause");
15        return;
16    }
17    displayModifyMenu();                        //显示修改子菜单
18    switch(choice)
19    {
20    case '1':     //选择修改子菜单'1',可修改学生的年龄
21      printf("\n 原学生的年龄是:%d\n",p->stu.age);
22      printf("请输入新的年龄:");
23      scanf("%d",&p->stu.age);
24      break;
25    case '2':     //选择修改子菜单'2',可修改学生的《C 语言》成绩
26      printf("\n 原学生的《C 语言》成绩是:%d\n",p->stu.cp);
27      printf("请输入新的成绩:");
28      scanf("%d",&p->stu.cp);
29      //重算平均值
30      p->stu.avg=(p->stu.cp+p->stu.en+p->stu.math)/3.0;
31      break;
32    case '3':     //选择修改子菜单'3',可修改学生的《英语》成绩
33      printf("\n 原学生的《英语》成绩是:%d\n",p->stu.en);
34      printf("请输入新的成绩:");
35      scanf("%d",&p->stu.en);
36      p->stu.avg=(p->stu.cp+p->stu.en+p->stu.math)/3.0;
37      break;
38    case '4':     //选择修改子菜单'4',可修改学生的《高数》成绩
39      printf("\n 原学生的《高数》成绩是:%d\n",p->stu.math);
40      printf("请输入新的成绩:");
41      scanf("%d",&p->stu.math);
42      p->stu.avg=(p->stu.cp+p->stu.en+p->stu.math)/3.0;
43      break;
44    }
45    printf("\n 修改完成! \n");
46    system("pause");
47  }
```

函数 modifyStudent()完成修改学生信息的功能，参数 head 传入单链表的表头指针。

第 10 行，通过调用函数 findById()，可根据输入的学号，找到指定学生节点。

第 17 行，通过调用函数 displayModifyMenu()，显示修改操作子菜单，选择后，选

择结果赋给全局变量 choice。

18—44 行，根据 choice 的值，完成相应的修改内容。

> ☞注意
>
> 如果修改的是学生成绩，一定要重新计算平均分。

```
01   //删除学生信息
02   void deleteStudent(StudentNode *head)
03   {
04     StudentNode *p,*q;   //p 指针用于定位被删节点;q 指针指向被删节点后继
05     char id[IDLen];        //临时变量,用于接收输入学号
06
07     system("cls");
08     printf("\n 请输入要删除学生的学号:");
09     scanf("%s",id);
10     p=findById(head,id);  //按学号查找学生,并将 p 指向找到节点
11     if(p==NULL)
12     {
13       printf("\n 要删除的学生不存在！\n");
14       system("pause");
15       return;
16     }
17     q=p->next;            //将 q 指向要删除节点的后继,暂不考虑删除最后一个节点
18     p->stu= q->stu;       //复制被删节点后继学生信息到被删节点
19     p->next=q->next;      //将 q 指向的节点脱链
20     free(q);              //释放 q 指向节点的空间
21     printf("\n 删除完成！\n");
22     system("pause");
23   }
```

函数 deleteStuden()完成删除指定学生节点功能，参数 head 传入单链表表头指针。

8—10 行，输入要删除学生的学号，并通过调用函数 findById()找到被删学生节点。

17—20 行，完成删除指定学生节点，并释放占用空间。

> ☞注意
>
> 删除节点后一定要即时释放占用空间。

```
01   //增加一个学生
02   void addStudent(StudentNode *head)
03   {
04     Student stu;
05     StudentNode *p=head;
```

```
06    char cont='Y';                         //用于判断是否继续增加学生
07    int i=0;
08    while(p->next!=NULL)            //找到最后一个节点
09      p=p->next;
10    while(cont=='Y')
11    {
12      printf("\n 请输入学生信息:\n");
13      printf("------------------------\n");
14      printf("学号(12 个字符以内):\t");
15      scanf("%s",stu.id);
16      stu.id[IDLen-1]='\0';                //最后一个字符强行加一个结束符
17      printf("姓名(10 个字符以内):\t");
18      scanf("%s",stu.name);
19      stu.name[NameLen-1]='\0';        //最后一个字符强行加一个结束符
20      printf("性别(4 个字符以内):\t");
21      scanf("%s",stu.sex);
22      stu.sex[SexLen-1]='\0';          //最后一个字符强行加一个结束符
23      printf("年龄(整数):\t\t");
24      scanf("%d",&stu.age);
25      printf("《C 语言》成绩(整数):\t");
26      scanf("%d",&stu.cp);
27      printf("《英语》成绩(整数):\t");
28      scanf("%d",&stu.en);
29      printf("《高数》成绩(整数):\t");
30      scanf("%d",&stu.math);
31      stu.avg=(stu.cp+ stu.en+stu.math)/3.0;
32      printf("------------------------\n");
33      p->next=(StudentNode* )malloc(sizeof(StudentNode));
34      p=p->next;
35      p->stu=stu;
36      p->next=NULL;
37      i++;
38      printf("\n 是否继续增加(y/n)?");
39      cont=getche();
40      if(cont=='y')
41        cont=cont-32;                              //转换成大写字母
42    }
43    printf("\n 增加学生完成,共增加了%d 个学生。\n",i);
```

```
44      system("pause");
45   }
```

函数 addStudent()完成增加学生信息的功能，参数 head 传入单链表表头指针。

第 6 行，定义临时变量 cont，用于判断是否继续增加学生。本程序一次可以增加多个学生的信息。

8−9 行，用于定位最后一个节点。本程序采用在链表表尾插入新增节点的方式。

10−45 行，循环输入学生信息，并插入到链表表尾。其中，代码 33−36 行完成动态分配新节点空间，并插入链表表尾的功能；代码 38−41 行接收键盘输入的判定符（是否继续增加学生的判定符），为了有一定的容错，故将输入字符转换成大写字母（即输入"Y"或"y"都可以继续）。

```
01   //保存数据到文件中
02   void saveData(StudentNode *head)
03   {
04     StudentNode *p=head;
05     FILE* fp;
06
07     if((fp=fopen(FilePath,"w"))==NULL)        //以写方式打开文件
08     {
09       printf("\n 创建文件错误,无法保存修改！\n");
10       return;
11     }
12     while(p!=NULL)
13     {
14       fwrite(&p->stu,sizeof(Student),1,fp);   //将一条记录写入数据文件
15       p=p->next;
16     }
17     fclose(fp);       //关闭文件
18     printf("\n 保存文件成功！\n");
19     system("pause");
20   }
```

函数 saveData()完成保存数据到文件的功能，参数 head 传入单链表表头指针。

第 7 行，以写的方式打开数据文件。

12−16 行，把单链表中的节点数据循环写入数据文件中。

第 17 行，关闭文件。

　　程序运行效果如下(注：<u>加下划线</u>的内容表示用户输入，其余内容为系统运行时自动显示)：

第一次运行程序的效果：

下面将输入学生信息(学号输入'＄'符号，结束输入)：

请输入第 1 个学生信息：

——

学号(12 个字符以内)：<u>201210409601</u>

姓名(10 个字符以内)：<u>刘子栋</u>

性别(4 个字符以内)：<u>男</u>

年龄(整数)：<u>19</u>

《C 语言》成绩(整数)：<u>92</u>

《英语》成绩(整数)：<u>85</u>

《高数》成绩(整数)：<u>86</u>

——

请输入第 2 个学生信息：

——

学号(12 个字符以内)：<u>201210409602</u>

姓名(10 个字符以内)：<u>童雨嘉</u>

性别(4 个字符以内)：<u>女</u>

年龄(整数)：<u>19</u>

《C 语言》成绩(整数)：<u>88</u>

《英语》成绩(整数)：<u>66</u>

《高数》成绩(整数)：<u>82</u>

——

请输入第 3 个学生信息：

——

学号(12 个字符以内)：<u>201210409603</u>

姓名(10 个字符以内)：<u>杨欣悦</u>

性别(4 个字符以内)：<u>女</u>

年龄(整数)：<u>18</u>

《C 语言》成绩(整数)：<u>78</u>

《英语》成绩(整数)：<u>93</u>

《高数》成绩(整数)：<u>68</u>

——

请输入第 4 个学生信息：

——

学号(12 个字符以内)：<u>＄</u>

非第一次运行程序时，将从下面操作界面开始：

请选择操作：
————————————————————————————————
(1)显示所有学生信息　　　(2)查询单个学生信息
(3)修改学生信息　　　　　(4)删除学生信息
(5)增加学生信息　　　　　(6)保存修改
(0)退出程序
————————————————————————————————

1
所有学生的信息：
================================

学号	姓名	性别	年龄	C 语言	英语	高数	平均分
201210409601	刘子栋	男	19	92	85	86	87.7
201210409602	童雨嘉	女	19	88	66	82	78.7
201210409603	杨欣悦	女	18	78	93	68	79.7

————————————————————————————————

请按任意键继续...
请选择操作：
————————————————————————————————
(1)显示所有学生信息　　　(2)查询单个学生信息
(3)修改学生信息　　　　　(4)删除学生信息
(5)增加学生信息　　　　　(6)保存修改
(0)退出程序
————————————————————————————————

2
请选择查找操作：
————————————————————————————————
(1)按学号查找学生信息(2)按姓名查找学生信息
————————————————————————————————

1
请输入要查找学生的学号：201210409601
查找到的学生信息：
================================

学号	姓名	性别	年龄	C 语言	英语	高数	平均分
201210409601	刘子栋	男	19	92	85	86	87.7

————————————————————————————————

请按任意键继续...
注：按姓名查找类似按学号查找，这里不再展示。

请选择操作：

————————————————————————————————————

(1)显示所有学生信息　　　(2)查询单个学生信息

(3)修改学生信息　　　　　(4)删除学生信息

(5)增加学生信息　　　　　(6)保存修改

(0)退出程序

————————————————————————————————————

<u>3</u>

请输入要修改学生的学号：<u>201210409601</u>

请选择修改操作：

————————————————————————————————————

(1)修改学生的年龄　　　　　(2)修改学生的《C 语言》成绩

(3)修改学生的《英语》成绩　(4)修改学生的《高数》成绩

————————————————————————————————————

<u>1</u>

原学生的年龄是：<u>19</u>

请输入新的年龄：<u>20</u>

修改完成！

请按任意键继续...

注：其他修改与年龄修改类似，这里不再展示。

请选择操作：

————————————————————————————————————

(1)显示所有学生信息　　　(2)查询单个学生信息

(3)修改学生信息　　　　　(4)删除学生信息

(5)增加学生信息　　　　　(6)保存修改

(0)退出程序

————————————————————————————————————

<u>4</u>

请输入要删除学生的学号：<u>201210409602</u>

删除完成！

请按任意键继续...

请选择操作：

————————————————————————————————————

(1)显示所有学生信息　　　(2)查询单个学生信息

(3)修改学生信息　　　　　(4)删除学生信息

(5)增加学生信息　　　　　(6)保存修改

(0)退出程序

————————————————————————————————————

5
请输入学生信息：

——————————————————————————————

学号（12 个字符以内）：201210409604
姓名（10 个字符以内）：王刚
性别（4 个字符以内）：男
年龄（整数）：21
《C 语言》成绩（整数）：87
《英语》成绩（整数）：77
《高数》成绩（整数）：85

——————————————————————————————

是否继续增加（y/n）? y
请输入学生信息：

——————————————————————————————

学号（12 个字符以内）：201210409605
姓名（10 个字符以内）：李欣
性别（4 个字符以内）：女
年龄（整数）：19
《C 语言》成绩（整数）：75
《英语》成绩（整数）：88
《高数》成绩（整数）：80

——————————————————————————————

是否继续增加（y/n）? n
增加学生完成，共增加了 2 个学生。
请按任意键继续...
请选择操作：

——————————————————————————————

（1）显示所有学生信息　　（2）查询单个学生信息
（3）修改学生信息　　　　（4）删除学生信息
（5）增加学生信息　　　　（6）保存修改
（0）退出程序

——————————————————————————————

6
保存文件成功！
请按任意键继续...
请选择操作：

——————————————————————————————

（1）显示所有学生信息（2）查询单个学生信息

> (3)修改学生信息(4)删除学生信息
> (5)增加学生信息(6)保存修改
> (0)退出程序
> ——
> 0
> 保存文件成功!
> 请按任意键继续...

7.2.6 项目扩展

(1)如果采用双链表管理数据,程序应该如何实现?

(2)在删除学生记录时,没有确认操作,如果要增加确认操作,该如何实现?

(3)如果运行该程序需要权限验证,要求用户名和密码存储在文件中,该如何完善程序?

(4)如果要求按学生信息的某个属性(比如:平均分)排序,该如何完善程序?

(5)如果把学生的信息分成基本信息和学习信息,用两个文件来存储,当进行增、删、改、查时,学生在两个文件中的信息联动操作,该如何实现?

(6)如果内存中不用链表管理数据,而每次的增、删、改、查都直接访问数据文件,能实现吗?如果能,该如何实现?

7.3 拓展项目

7.3.1 学校运动会管理系统

对学校运动会的参赛人信息、竞赛项目信息、竞赛成绩信息的管理。

要求:

(1)所有的基础数据能以文件的形式存储,这些数据包括:

院系数据:院系名称、男子参赛人数、女子参赛人数、团体总分等;

运动员信息:学号、姓名、性别、年龄、所在院系、参加项目、名次等;

竞赛项目信息:项目名称、校纪录成绩、创纪录人、所在院系等。

(2)各项目名次取前5名记入团体总分:第1名得分7,第2名得分5,第3名得分3,第4名得分2,第5名得分1;

(3)系统提供录入比赛结果的友好界面,输入各项目获奖运动员的信息。

(4)所有信息记录完毕后,用户可以查询各个院系或个人的比赛成绩,生成团体总分报表,查看参赛院系信息、获奖运动员、比赛项目信息等。

(5)内存数据组织方式不限,用链表或数组均可。

7.3.2 图书管理系统

对图书的库存信息、借阅信息和用户信息进行管理。

要求：

(1)所有的基础数据均能以文件的形式存储，这些数据包括：

图书信息：图书编号、ISBN、书名、作译者、出版社、价格、复本数、库存量等；

用户信息：借书证号、姓名、性别、出生日期、专业等；

借阅信息：图书编号、借书证号、ISBN、借书时间等。

(2)系统提供所有信息的增、删、改、查界面。

(3)在系统启动时，从文件中读取数据进行系统初始化；系统结束时，以文件的形式保存各种数据。

(4)内存数据组织方式不限，用链表或数组均可。

7.3.3 飞机订票管理系统

对飞机的航班信息、订票信息、乘客信息等进行管理。

要求：

(1)所有的数据以文件的形式存储，这些数据包括：

航班信息：航班号、起始站、终点站、起飞时间、到达时间、总机票数、剩余机票数、票价、日期等；

乘客信息：身份证编号、姓名、性别等；

订票信息：身份证编号、航班号、订票时间、是否退订、是否登机等。

(2)系统提供所有信息的增、删、改、查界面。

(3)在系统启动时，从文件中读取数据进行系统初始化；系统结束时，以文件的形式保存各种数据。

(4)主要的功能包括：系统初始化(从文件中读取数据，若无文件，则建立相应文件)、增加航班信息、查询航班信息、订票业务、退票业务、保存数据(随时保存或退出保存)。

(5)内存数据组织方式不限，用链表或数组均可。

7.3.4 工资管理系统

对某单位的工资信息、职工基本信息进行管理。

要求：

(1)所有的数据以文件的形式存储，这些数据包括：

工资信息：职工编号、基本工资、岗位工资、奖金、保险、扣款、应发工资、实发工资、发放日期等；

职工基本信息：职工编号、姓名、性别、工资等级等。

(2)系统提供所有信息的增、删、改、查界面。

(3)在系统启动时，从文件中读取数据进行系统初始化；系统结束时，以文件的形式保存各种数据。

(4)主要的功能包括：系统初始化(从文件中读取数据，若无文件，则建立相应文件)、增加工资信息、查询某职工某月的工资信息、查询某职工某年的工资信息、查询职工基本信息、保存数据(随时保存或退出保存)。

(5)内存数据组织方式不限,用链表或数组均可。

7.3.5　学生选课管理系统

对学校的课程信息、学生选课信息进行管理。

要求:

(1)所有的数据以文件的形式存储,这些数据包括:

课程信息:课程编号、课程名、学时、学分、开课学期、任课教师、开课学院等。

学生选课信息:学号、姓名、性别、专业、班级、课程编号等。

(2)系统提供所有信息的增、删、改、查界面。

(3)在系统启动时,从文件中读取数据进行系统初始化;系统结束时,以文件的形式保存各种数据。

(4)主要的功能包括:系统初始化(从文件中读取数据,若无文件,则建立相应文件)、增加课程信息、查询课程信息、查询学生选课信息、保存数据(随时保存或退出保存)。

(5)内存数据组织方式不限,用链表或数组均可。

实战 8　数据库操作及应用

在一个给定的应用领域中，所有实体及实体之间联系的集合构成一个关系型数据库。关系型数据库是具有一定结构的二维表及其之间的联系组成的一个数据集合，它主要具有以下几个特点：数据的共享性、独立性、完整性、灵活性、安全性。

对某些简单的应用，可以用 C 语言直接存储和查询数据，但这样做至少有三个比较明显的缺陷，一是不便于用统一的标准解决关系型数据的访问，数据不能独立于程序，往往出现程序员之间各自为政的情况；二是不便于在网上多用户共享数据；三是不便于解决数据的安全问题。如果利用关系型数据库存储数据，再加上用 C 语言等高级语言通过数据库软件提供的接口访问数据，则可以解决这些问题。本实验我们采用的数据库是 MySQL。

8.1　简单计数器（程序运行次数统计）

简单计数器程序是程序运行次数的计数器，程序运行的次数被存放到数据库中。这个程序与一般的单机程序不同，它是一个多用户系统，可以由多人（即多用户）在不同的计算机上运行，计数器记录的将是所有用户运行程序的总次数！

8.1.1　项目功能需求

要求：

（1）程序运行后产生并显示一个整数，该整数是前一次运行产生的整数＋1。

（2）程序产生的整数永久保存在 MySQL 数据库的表中。

（3）运行效果：

本程序是第 1 次运行 按任意键退出。

本程序是第 2 次运行 运按任意键退出。

8.1.2　知识点分析

（1）程序需要调用 MySQL 数据库的访问接口。程序员需要掌握一些用 C 语言访问 MySQL 的结构体和指针的方法，以及调用 MySQL 相关函数的方式。

（2）程序员需要掌握 MySQL 的日常管理方法和知识，比如需要学习基本的 SQL 语法；如何选择一个数据库，创建一个表；如何对数据进行增加、修改、删除操作等。

(3)本程序需要创建一个表，表名是 tbl_count，它只有一个名叫 num 的整型字段，并且只有一条唯一的记录，用于存放程序启动的次数。

8.1.3　算法思想

(1)首先必须在 MySQL 中创建一张表，命名为 tbl_count，还必须给该表增加一条唯一的记录，num 字段的值为 0。创建该表的 SQL 语句是：

```
-----------------------------
-- Table structure for'tbl_count'
-----------------------------
DROP TABLE IF EXISTS'tbl_count';
CREATE TABLE'tbl_count'(
'num'int(11)NOT NULL default'0',
PRIMARY KEY('num')
)ENGINE=InnoDB DEFAULT CHARSET=utf8;
-----------------------------
-- Records of tbl_count
-----------------------------
INSERT INTO'tbl_count'VALUES('0');;
```

(2)程序一开始必须连接数据库，要掌握连接数据的三个步骤：mysql_init()、mysql_options()、mysql_real_connect()。在连接数据库的时候必须设定 5 个正确的参数，这些参数有主机地址、用户名、用户密码、数据库名、端口号，缺一不可。

(3)连接成功后才能访问表 tbl_count。程序需要将 tbl_count.num 字段的值＋1，然后读出具体的数据并显示出来，就完成任务了。

8.1.4 系统流程图

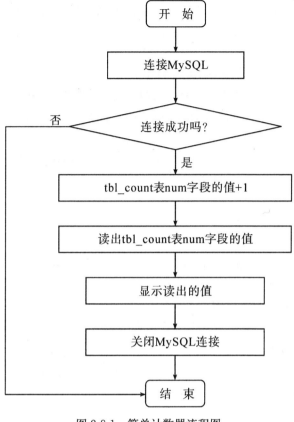

图 2-8-1 简单计数器流程图

8.1.5 项目实现

```
01  #include<windows.h>
02  #include<stdio.h>
03  #include<string.h>
04  #include<conio.h>
05  #include"mysql.h"
06  char szSqlText[1000];          //SQL 语句
07  //主函数
08  int main(int argc,char *argv[])
09  {
10    char host[]="localhost";      //MySQL 主机名
11    char szTargetDSN[]="test";     //数据库名
12    const char username[]="root"; //连接数据库的合法用户名
13    const char password[]="123";   //密码
```

```
14      unsigned int port=3306;        //链接端口,默认为3306
15      MYSQL *conn;                   //MySQL 连接指针
16      MYSQL_RES *res;                //MySQL 结果集
17      MYSQL_ROW row;                 //行变量
18      if(//初始化 mysql
19        (conn=mysql_init((MYSQL *)0))
20        &&//在 Windows 系统运行时,要选择 gbk 字符集,以显示中文
21        (mysql_options(conn,MYSQL_SET_CHARSET_NAME,"gbk")==0)
22        &&//开始连接 MySQL
23        mysql_real_connect(conn,host,username,password,
24        szTargetDSN,port,NULL,0)
25      )
26      {//如果连接成功
27        //每次运行,让 num++
28        mysql_query(conn,"update tbl_count set num= num+ 1");
29
30        //生成读取的 SQL 语句
31        strcpy(szSqlText,"select num from tbl_count limit 1");
32        //马上把值读出来
33        if(mysql_query(conn,szSqlText))
34        {//如果读值失败
35          mysql_close(conn);
36          printf("select failed. \n");
37          return false;
38        }else
39        {//如果读值成功
40          res=mysql_store_result(conn);      //取结果集到 res 中
41          row=mysql_fetch_row(res);          //取第一行到 row 中
42          if(row! =NULL)                     //如果取得行数据
43            //row[0]表示取 row 的第一列
44            printf("本程序是第%s 次运行\n",row[0]);
45          else
46            printf("未获取行\n");
47        }
48        //释放结果集
49        mysql_free_result(res);
50        printf("\n 按任意键退出。\n");
51        getch();
```

```
52        }
53      else{
54        //如果连接数据库失败
55        printf("\n 连接数据库失败。\n");
56        mysql_close(conn);
57        printf("\n 按任意键退出。\n");
58        getch();
59        return false;
60      }
61      //关闭连接
62      mysql_close(conn);
63      return true;
64    }
```

说明 1：程序编译

上述代码中有：＃include "mysql. h"，要编译成功，必须要引用 MySQL 的开发库，MySQL 的开发库位于 MySQL 的安装目录下，MySQL 的安装目录下有 include 和 lib 两个目录，假设 MySQL 的安装目录是：C：\ PROGRAM FILES \ MYSQL \ MYSQL SERVER 5. 0。

首先是必须要引用 C：\ PROGRAM FILES \ MYSQL \ MYSQL SERVER 5. 0 \ IN-CLUDE 到 C 语言的开发环境中的。下面是设置 VC＋＋6. 0 环境引用这个目录的截图(选择菜单：工具(选项)：

图 2-8-2　VC＋＋6. 0 引用 MySQL 的 Include 的目录

其次，必须在工程中引用开发库文件 libmysql. lib，引用时全名是：C：\ "Program Files" \ MySQL \ "MySQL Server 5. 0" \ lib \ opt \ libmysql. lib，注意如果目录名中有空格，必须用双引号括起来。如下图所示，通过菜单"工程(设置)"，在弹出窗口中选择"连接"卡片页面，将 libmysql. lib 全名添加到"对象/库模块"原有的字符串中，同时不能删除"对象/库模块"中原有的引用库。

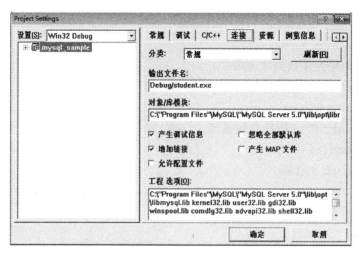

图 2-8-3　引用 Mysql 开发库文件 libmysql. lib

添加完成后，上图中的"对象/库模块"中的内容是：

C:\" Program Files"\MySQL\"MySQL Server 5.0"\lib\opt\libmysql. lib ker-nel32. lib user32. lib gdi32. lib winspool. lib comdlg32. lib advapi32. lib shell32. lib ole32. lib oleaut32. lib uuid. lib odbc32. lib odbccp32. lib kernel32. lib user32. lib gdi32. lib winspool. lib comdlg32. lib advapi32. lib shell32. lib ole32. lib oleaut32. lib uuid. lib od-bc32. lib odbccp32. lib

说明 2：程序运行

程序运行时需要 MySQL 运行库文件 libmySQL. dll，该文件存放在安装目录的 bin 子目录中，在运行本程序时，需要将该文件复制到本程序的目录中，也可以复制到 Win-dows 的系统目录中。注意，程序运行时将不需要上述的开发库 libmysql. lib。

说明 3：MySQL 的访问要领

C 语言访问 MySQL 的基本过程是设置连接参数、连接、通过 SQL 语句读写数据、关闭连接 4 个步骤。

连接参数共有 5 个，分别是数据库的主机地址、端口号、用户名、密码、数据库名称。这部分代码是：

```
char host[]="localhost";          //MYSQL 主机名
char szTargetDSN[]="test";        //数据库名
const char username[]="root";     //连接数据库的合法用户名
const char password[]="123";      //密码
unsigned int port=3306;           //链接端口,默认为 3306
```

连接数据库需要 3 个函数，这部分代码是：

```
if(//初始化 mysql
    (conn=mysql_init((MYSQL*)0))
        &&//在 Windows 系统运行时,要选择 gbk 字符集,以显示中文
```

```
    (mysql_options(conn,MYSQL_SET_CHARSET_NAME,"gbk")= = 0)
    &&//开始连接 MySQL
    mysql_real_connect(conn,host,username,password,
        szTargetDSN,port,NULL,0)
    )
  {//如果连接成功
  …
  }
```

通过 SQL 语句写数据的代码是：

```
mysql_query(conn,"update tbl_count set num=num+1");
```

通过 SQL 语句读数据的代码是：

```
if(mysql_query(conn,szSqlText))
{//如果读值失败
    mysql_close(conn);
    printf("select failed. \n");
    return false;
}else
{//如果读值成功
    res=mysql_store_result(conn);          //取结果集到 res 中
    row=mysql_fetch_row(res);              //取第一行到 row 中
    if(row! =NULL)                         //如果取得行数据
      //row[0]表示取 row 的第一列
      printf("本程序是第%s 次运行\n",row[0]);
    else
      printf("未获取行\n");
}
//释放结果集
mysql_free_result(res);
```

关闭连接的代码是：

```
mysql_close(conn);
```

☞注意：

　　本程序在运行中虽然没有直接要求输入用户名和密码登录到数据库，但它本质上是一个多用户系统，即多用户共享同个一表 tbl_count 的数据。可以由多人在多台计算机上同时运行该程序，看看程序输出的结果是不是所有用户运行程序的总次数。

　　另外，程序运行时需要 MySQL 能访问到 MySQL 运行库文件 libmySQL.dll，见说明 2。

8.2　学生学籍管理系统(结构体＋数据库＋综合)

本节的学生学籍管理系统是一个完整的多用户数据库管理信息系统,它管理学生的学号、姓名、性别、年龄、成绩等信息。程序的功能比较完整,有增加、修改、删除和查询。

8.2.1　项目功能需求

要求:

(1)将学生及成绩信息存放在 MySQL 数据库中,不限学生人数。本程序通过主菜单访问数据库中的学生成绩。可以对学生成绩进行 4 种基本操作:增加、修改、删除和查询。

(2)4 种操作无先后之分,可以任意进行。

(3)"平均成绩"项应通过计算获得,不从键盘输入。

(4)表 2-8-1 是学生成绩表的样例:

表 2-8-1　学生成绩表

学号	姓名	性别	年龄	成绩			平均成绩
				C 语言	英语	高数	
201210409601	李小明	男	19	88	66	82	78.7
201210409602	王芳	女	18	78	93	68	79.7
201210409603	刘灿	女	19	92	85	86	87.7
201210409604	赵小涛	男	19	67	77	75	73

运行效果:

```
系统主菜单,请选择:
--------------------------------------
(1)增加学生及成绩
(2)删除学生及成绩
(3)修改学生及成绩
(4)显示所有记录
(0)退出程序
--------------------------------------
如果选择"(1)增加学生及成绩":
请输入学生信息:
--------------------------------------
学号(12 个字符以内,q! 表示放弃本次操作):100001
姓名(10 个字符以内):张三
性别(4 个字符以内):男
年龄(整数):32
```

《C 语言》成绩 (整数) : <u>89</u>

《英语》成绩 (整数) : <u>90</u>

《高数》成绩 (整数) : <u>100</u>

　　　注意, 上图中下划线部分是从键盘输入的数据, 数据库中要求学号是唯一的, 如果输入的学号已经存在, 不允许继续输入后面的姓名、性别等信息, 则新增学生及成绩失败。

　　　如果选择 "(2)删除学生及成绩":

- -

学号 (12 个字符以内, q! 表示放弃本次操作) : <u>100001</u>

　　　如果输入的学号不存在, 必须提示学号不存在, 不能删除不存在的学生。

　　　如果选择 "(3)修改学生及成绩", 会进入选择(1)时的学生信息输入界面:

请输入学生信息:

- -

学号 (12 个字符以内, q! 表示放弃本次操作) : <u>100001</u>

姓名 (10 个字符以内) : <u>张三</u>

性别 (4 个字符以内) : <u>女</u>

年龄 (整数) : <u>92</u>

《C 语言》成绩 (整数) : <u>89</u>

《英语》成绩 (整数) : <u>90</u>

《高数》成绩 (整数) : <u>100</u>

　　　只是要注意, 这时如果输入的学号不存在, 必须提示学号不存在, 不能修改不存在的学生。

　　　如果选择 "(4)显示所有记录", 会进入提示排序选择:

请选择排序字段:

- -

(1)学号 (2)姓名 (3)性别 (4)年龄

(5)C 语言 (6)英语 (7)高数 (8)平均分

- -

<u>1</u>

请选择排序方向:

- -

(1)升序 (2)降序

- -

<u>1</u>

共有 3 个学生信息:

= = = = = = = = = = = = = = = = =

学号	姓名	性别	年龄	C语言	英语	高数	平均分
1	张三	女	32	2	3	23	9.3
2	李四	女	32	93	88	56	79.0
3	王五	男	23	99	98	97	98.0

选择了排序字段和排序方向后，程序访问数据库读出所有学生的成绩，并按选择的排序方式显示出来。

8.2.2 知识点分析

(1)程序需要调用 MySQL 数据库的访问接口。需要掌握一些 MySQL 相关结构体和指针的应用方式，以及一些 MySQL 相关函数的调用方式。

(2)需要掌握 MySQL 的日常管理方法和知识，在 MySQL 数据库中选择一个数据库，在数据库中创建一个表，对表进行数据的增加、修改。需要学习基本的 SQL 语句语法。

(3)需要掌握菜单编程技术，特别是二级菜单，通过全局变量保存菜单的选择项。

8.2.3 算法思想

(1)首先必须在 MySQL 中创建一张表，命名为 tbl_student，创建该表的 SQL 语句是：

```
----------------------------
-- Table structure for'tbl_student'
----------------------------
DROP TABLE IF EXISTS'tbl_student';
CREATE TABLE'tbl_student'(
'id'varchar(15)NOT NULL default''COMMENT'学号',
'name'varchar(15)NOT NULL COMMENT'姓名',
'sex'varchar(8)NOT NULL COMMENT'性别',
'age'int(11)NOT NULL COMMENT'年龄',
'score_cp'int(11)NOT NULL default'0'COMMENT'C语言成绩',
'score_en'int(11)NOT NULL default'0'COMMENT'英语成绩',
'score_math'int(11)NOT NULL default'0'COMMENT'数学成绩',
PRIMARY KEY('id')
)ENGINE=InnoDB DEFAULT CHARSET=utf8;
----------------------------
-- Records of tbl_student
----------------------------
```

```
INSERT INTO'tbl_student'VALUES('1','李四','女','32','93','88','56');
INSERT INTO'tbl_student'VALUES('2','王五','男','23','99','98','97');
```

（2）程序中连接和使用数据库的方式见上节。

（3）程序以主菜单方式，选择哪个子菜单，就进行哪个操作，共有增加、删除、修改和查询 4 个子模块。

8.2.4　系统流程图

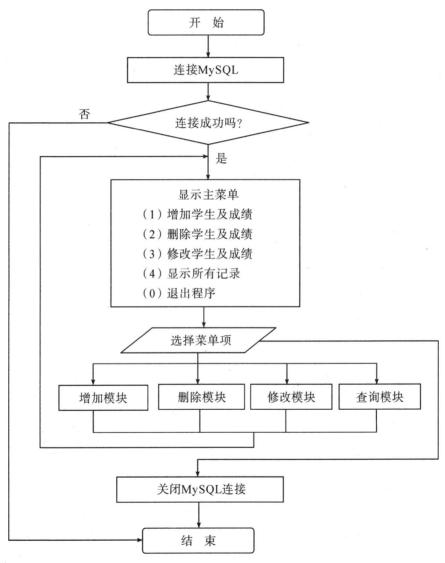

图 2-8-4　学生学籍管理系统流程图

8.2.5　项目实现

说明 1：本节程序的编译、运行需要访问 MySQL，方法见上节说明。

```
01  #include〈windows. h〉
02  #include〈stdio. h〉
03  #include〈string. h〉
04  #include〈conio. h〉
05  #include"mysql. h"
06
07  #define IDLen 13        //ID 字段长度
08  #define NameLen 11      //姓名字段长度
09  #define SexLen 5        //性别字段长度
10
11  //存储学生成绩的结构体
12  struct Score
13  {
14    int cp;              //C 语言
15    int en;              //英语
16    int math;            //高数
17  };
18
19  //存储学生信息的结构体
20  typedef struct Stu
21  {
22    char id[IDLen];       //学号
23    char name[NameLen];   //姓名
24    char sex[SexLen];     //性别
25    int age;              //年龄
26    struct Score score;   //存储成绩的结构体
27    double avg;           //平均分
28  }Student;
```

说明 2：上面的代码是学生及成绩的结构体说明。

```
01  MYSQL *conn;     //MySQL 对象
02  char szSqlText[1000]="";     //Sql 语句
03  char sortField[100];       //用户选择的排序字段名称,以及排序方向,比如"
id"或者"id desc"
04  Student stu;     //存放 1 个学生信息的数组
05
06  //访问 MySQL 数据库表 tbl_student,打印输出所有学生信息
07  void OutputStudent()
08  {
```

```
09    int i;
10    MYSQL_RES *res;
11    MYSQL_ROW row;
12    sprintf(szSqlText,"select id,name,sex,age,score_cp,score_en,
              score_math,(score_cp+ score_en+ score_math)/3 score_
              avg from tbl_student order by");
13    strcat(szSqlText,sortField);              //添加排序方式
14
15    if(mysql_query(conn,szSqlText)){
16      printf("select failed.\n");
17      return;
18    }else
19    {
20      res=mysql_store_result(conn);
21      i=(int)mysql_num_rows(res);
22      if(i>0)      //如果有学生信息
23      {
24        printf("\n 共有%d 个学生信息:\n=========\n",i);
25        printf("学号姓名性别年龄 C 语言英语高数平均分\n");
26        printf("----------------------\n");
27        while(1)
28        {
29          row=mysql_fetch_row(res);
30          if(row==NULL)
31            break;
31          printf("%-15s%-14s%-7s%-7s",row[0],row[1],row[2],row
                [3]);
32          printf("%-7s%-7s%-7s%-7.1f\n",row[4],row[5],row[6],at-
                of(row[7]));
33        }
34      }
35      else
36        printf("\n 没有学生信息\n=============\n");
37      mysql_free_result(res);
38    }
39    printf("------------------------\n");
40  }
```

说明 3：上面的代码显示所有的学生信息。

在函数 OutputStudent()中，首先要产生访问表 tbl _ student 的 SQL 查询语句，该 SQL 语句最后是排序方式，因此要加上 strcat(szSqlText，sortField)，存储 SQL 语句的变量是 szSqlText；该函数的关键语句是 while(1)的循环语句，可以逐行抽取和显示查询出的数据。当 row＝NULL 时表示数据抽取完毕。

```
01
02   //判断学号 id 是否在数据库中已经存在
03   //返回:true:已经存在,false:不存在
04   bool ExistsStudent(char* id)
05   {
06     int i=0;
07     MYSQL_RES* res;
08     sprintf (szSqlText,"select id from tbl_student where id='%s'",
               id);
09
10     if(mysql_query(conn,szSqlText)){
11       printf("select failed. \n");
12       return false;
13     }else
14     {
15       res=mysql_store_result(conn);
16       i=(int)mysql_num_rows(res);
17       mysql_free_result(res);
18     }
19     return i>0;
20   }
```

说明 4：上面的代码判断学号 id 在数据库中是否已经存在。

在函数 ExistsStudent()中，通过 SQL 语句 "select id from tbl _ student where id＝**" 判断某学号是否存在，如果存在，则变量 i＞0。函数最后的返回语句是：return i＞0，因此，当 i＞0 时返回 true，否则返回 false。

```
01   //增加学生,插入全局变量 stu 代表的学生
02   void InsertStudent()
03   {
04     sprintf (szSqlText,"insert into tbl_student (id,name,sex,age,
             score_cp,score_en,score_math) values('%s','%s','%s',%
             d,% d,% d,% d)", stu. id, stu. name, stu. sex, stu. age,
             stu. score. cp,stu. score. en,stu. score. math);
05     if(mysql_query(conn,szSqlText)){
06       printf("inserted failed. \n");
```

```
07      }
08   }
09
10   //修改学生,修改由全局变量 stu 代表的学生
11     void UpdateStudent()
12     {
13       sprintf (szSqlText,"update tbl_student set name='%s',sex='%s
                   ',age=%d,score_cp=%d,score_en=%d,score_math=%d
                   where  id = '%s '"', stu.name, stu.sex, stu.age,
                   stu.score.cp,stu.score.en,stu.score.math,stu.id);
14       if(mysql_query(conn,szSqlText)){
15         printf("inserted failed.\n");
16       }
17     }
18
19   //删除学生,删除由全局变量 stu.id 代表的学生
20     void DeleteStudent()
21     {
22       sprintf (szSqlText,"delete from tbl_student where id='%s'",
                   stu.id);
23       if(mysql_query(conn,szSqlText)){
24         printf("inserted failed.\n");
25       }
26     }
```

说明 5:上面的代码中有 3 个函数,实现对学生信息的增加、修改、删除操作。

这三个函数是 InsertStudent()、UpdateStudent()、DeleteStudent(),都是以全局变量 stu 为基础的,而 stu 来自于下面的交互界面录入函数 InputStudent(),另外,这三个 SQL 操作(insert、delete、update)不像 select 语句那样有返回值。

```
01
02/*
03   功能:输入一个学生信息
04   输入参数:
05   mode=1:输入的学号必须存在
06   mode=2:输入的学号必须不存在
07   OnlyID:true:代表只输入学号,false 代表输入所有信息
08
09   输出:
10   返回值:true 表示输入了完整的信息,返回 false 表示放弃了本次操作
```

```
11   当返回 true 时,输入的信息存放在全局变量 stu 中
12   */
13   bool InputStudent(int mode,bool OnlyID)
14   {
15     bool b;
16     //如果是输入所有信息,而不只是学号,才需打印下面的文字
17     if(OnlyID==false)
18       printf("\n 请输入学生信息:");
19     printf("\n-----------------------\n");
20     do
21     {
22       printf("学号(12 个字符以内,q! 表示放弃本次操作):\t");
23       scanf("%s",stu.id);
24       stu.id[IDLen-1]=0;          //最后一个字符强行加一个结束符
25       if(strcmp(stu.id,"q!")==0)
26         return false;
27       b=ExistsStudent(stu.id);
28       //如果要求学号必须存在,但数据库中不存在学号
29       if(mode==1&&b==false)
30         printf("学号%s 不存在,重新输入学号。\n",stu.id);
31       else
32       //如果要求学号必须不存在,但数据库中存在学号
33       if(mode==2&&b==true)
34         printf("学号%s 存在,重新输入学号。\n",stu.id);
35       else
36         break;
37     }while(1);
38
39     if(OnlyID)                         //如果只输入学号,就到此为止
40       return true;
41
42     printf("姓名(10 个字符以内):\t");
43     scanf("%s",stu.name);
44     stu.name[NameLen-1]=0;          //最后一个字符强行加一个结束符
45     printf("性别(4 个字符以内):\t");
46     scanf("%s",stu.sex);
47     stu.sex[SexLen-1]=0;          //最后一个字符强行加一个结束符
48     printf("年龄(整数):\t\t");
```

```
49        scanf("%d",&stu.age);
50        printf("《C 语言》成绩(整数):\t");
51        scanf("%d",&stu.score.cp);
52        printf("《英语》成绩(整数):\t");
53        scanf("%d",&stu.score.en);
54
55        printf("《高数》成绩(整数):\t");
56        scanf("%d",&stu.score.math);
57        stu.avg=(stu.score.cp+
58        stu.score.en+stu.score.math)/3.0;
59        printf("-------------------------\n");
60        return true;
61    }
```

说明 6：上面的代码提供用户交互界面，输入学生信息。

函数 bool InputStudent(int mode，bool OnlyID)的作用是提供用户交互界面，输入学生的信息，并将信息保存到 stu 全局变量中，可以用于录入一个新学生，修改或者删除一个已有的学生。在录入一个新学生的时候，要求学生的学号必须是新的，不能已经存在，而修改和删除一个学生的时候则要求学生的学号必须存在。在删除一个学生的时候，只需要录入学号，其他学生信息不需要录入。虽然有这些差异，但是增加、删除、修改一个学生的用户交互界面还是很相似的，只此在本项目中将这三个功能合成一个函数。

注意，函数 InputStudent()只是将输入的学生信息存放在 stu 全局变量中，并不真正做增加、删除、修改的操作，真正的操作通过 3 个函数 InsertStudent()、UpdateStudent()、DeleteStudent()完成，但这 3 个函数必须依赖这个 stu 变量的值。

```
01    //显示排序菜单
02    //用户选择的内容,存放在全局变量 sortField 中
03    void DisplaySortMenu()
04    {
05      int i;
06      //首先选择要排序的字段
07      do{
08        printf("\n 请选择排序字段:\n");
09        printf("-------------------------\n");
10        printf("(1)学号\t(2)姓名\t(3)性别\t(4)年龄\n");
11        printf("(5)C 语言\t(6)英语\t(7)高数\t(8)平均分\n")
12        printf("-------------------------\n");
13        i=getche()- '0';
14        strcpy(sortField,"");
```

```
15      switch(i)
16      {
17        case 1:                          //学号
18          strcpy(sortField,"id");
19          break;
20        case 2:                          //姓名
21          strcpy(sortField,"name");
22          break;
23        case 3:                          //性别
24          strcpy(sortField,"sex");
25          break;
26        case 4:                          //年龄
27          strcpy(sortField,"age");
28          break;
29        case 5:                          //C语言
30          strcpy(sortField,"score_cp");
31          break;
32        case 6:                          //英语
33          strcpy(sortField,"score_en");
34          break;
35        case 7:                          //高数
36          strcpy(sortField,"score_math");
37          break;
38        case 8:                          //平均分
39          strcpy(sortField,"score_cp+ score_en+score_math");
40          break;
41        default:
42          printf("\n请选择正确的操作!");
43          break;
44      }
45    }while(i<1||i>8);
46
47    //其次选择排序方向
48    do{
49      printf("\n请选择排序方向:\n");
50      printf("------------------------\n");
51      printf("(1)升序\t(2)降序\t\n");
52      printf("------------------------\n");
```

```
53    i=getche()-'0';
54    switch(i)
55    {
56      case 1:          //升序,缺省就是升序,因此不需要加上文字
57        break;
58      case 2:          //降序
59  //在字段后面加上 desc 表示降序
60        strcat(sortField,"desc");
61        break;
62      default:
63        printf("\n 请选择正确的操作!");
64        break;
65    }
66  }while(i<1||i>2);
67  }
68
69  //显示主菜单
70  void DisplayMainMenu()
71  {
72    int i;
73    while(1){
74      printf("\n 系统主菜单,请选择:\n");
75      printf("------------------------\n");
76      printf("(1)增加学生及成绩\n");
77      printf("(2)删除学生及成绩\n");
78      printf("(3)修改学生及成绩\n");
79      printf("(4)显示所有记录\n");
80      printf("(0)退出程序\n");
81      printf("------------------------\n");
82      i=getche()-'0';
83      switch(i)
84      {
85        case 1:          //增加学生及成绩
86          //2 表示必须要求数据库中不存在新输入的学号
87          if(InputStudent(2,false))
88            //false 表示输入所有字段信息
89            InsertStudent();
90          break;
```

```
91          case 2:        //删除学生及成绩
92            //1 表示必须要求数据库中必须存在输入的学号
93            if(InputStudent(1,true))
94              //true 表示只输入学号
95              DeleteStudent();
96            break;
97          case 3:        //修改学生及成绩
98            //1 表示必须要求数据库中必须存在输入的学号
99            if(InputStudent(1,false))
100             //false 表示输入所有字段信息
101             UpdateStudent();
102           break;
103         case 4:        //显示所有记录
104           DisplaySortMenu();
105           OutputStudent();
106           break;
107         case 0:
108           return;
109         default:
110           printf("\n 请选择正确的操作!");
111           break;
112       }
113     }
114 }
```

说明 7：上面的代码提供用户交互界面，选择主菜单和排序菜单。

本项目用到了两个菜单，一是主菜单 DisplayMainMenu()，主菜单让用户随意选择程序的主要功能，即增加学生及成绩、删除学生及成绩、修改学生及成绩、显示所有记录。第二个菜单是排序选择菜单，由函数 DisplaySortMenu()实现，当用户选择"显示所有记录"时，执行这个函数，让用户选择按学生信息中的哪个属性排序显示，并且还必须选择排序方向是升序还是降序。

```
01  //主函数
02  int main(int argc,char *argv[])
03  {
04    char host[]="125.70.12.2";          //MYSQL 主机名
05    char szTargetDSN[]="test";          //数据库名
06    const char username[]="root";       //连接数据库的合法用户名
07    const char password[]="zhongyunce123";   //密码
08    unsigned int port=40006;            //链接端口,默认为 3306
```

```
09
10    /*
11    char host[]="localhost";          //MYSQL 主机名
12    char szTargetDSN[]="test";        //数据库名
13    const char username[]="root";     //连接数据库的合法用户名
14    const char password[]="123";      //密码
15    unsigned int port=3306;//链接端口,默认为 3306
16    * /
17    if(
18      //初始化 mysql
19      (conn=mysql_init((MYSQL* )0))
20      &&
21      //在 Windows 系统运行时,要选择 gbk 字符集,以显示中文
22      (mysql_options(conn,MYSQL_SET_CHARSET_NAME,"gbk")==0)
23      &&
24      //开始连接 MySQL
25      mysql_real_connect(conn,host,username,password,
26        szTargetDSN,port,NULL,0)
27      )
28    {//如果连接成功
29      DisplayMainMenu();       //显示主菜单
30    }
31    else{
32      printf("\n 连接数据库失败.\n");
33      mysql_close(conn);
34      return false;
35    }
36    mysql_close(conn);
37    return true;
38  }
```

说明 8:技术转移与简化

在以前的练习中,数据的增加、修改、删除要用到数组或者链表技术,数据的存储要用到文件读写技术,数据的排序要用到一些排序算法,这些方法都需要手工编写程序,工作量大并且容易出错。

本例使用了 MySQL 的数据库相关技术,数据的存储,增加、修改、删除和排序等工作都无需自己去编程实现,只需要使用数据库自身的功能就可以完成,所以说这是技术的转移,将相关技术转移给 MySQL 来实现,从而大大简化了数据的标准化操作任务,我们在编程的时候只需要专注菜单开发,以及数据准备之类的外围开发。

8.2.6　项目扩展

（1）用户与权限。

本项目是无需登录就可以直接运行的，如果要登录后才能运行程序及相关功能，比如有些用户登录后可以增加、修改、删除数据，有些用户登录后只能查询数据等。该怎么办呢？

（2）多表关联。

本项目只有一张数据表，即将学生信息和成绩放在一张表中，很不灵活。比如要增加学生的基本信息、增加一些课程信息都不方便。因此，最科学的办法是将学生表和成绩表分成两张表，用主外键关联起来，这样做数据灵活性更强，具体该如何做呢？

8.3　拓展项目

（1）工资管理系统。

本系统用于管理企业的员工工资发放记录，需要两张表：员工表和工资表。员工表存储员工的个人信息，属性有员工 ID、员工姓名、员工所属部门；工资表存放发放工资的记录，属性有员工 ID、工资、发放工资日期。

要求：①在界面中要有维护员工表和工资表的功能。②信息录入时，所以必须先有员工，然后才能给员工发工资。③程序可以查询员工信息和工资发放信息。④可以按时间段统计工资发放总额。

（2）图书借阅系统。

本系统模拟图书馆的图书借阅、续借和归还三个过程，需要三张表：读者表、图书表和借阅表。读者表存放读者的个人信息，属性有读者 ID、读者姓名、读者单位，图书表存放图书的基本信息，属性有书号、作者、书名、出版社、单价、馆藏数量，借阅表存放读者历次的借阅及归还详细信息，属性有读者 ID、书号、借阅日期、归还日期，读者每借阅一次，就新增一条借阅表记录，但续借和归还不产生新记录，只修改原借阅表记录。借阅日期不能为空，归还日期可以为空，归还日期为空表示图书借出了但未归还。

要求：①在界面中要有维护读者表和图书表的界面。②信息录入时，必须先录入读者表和图书表的信息后才能借阅图书。③实现借阅功能，借阅时新增一条借阅表记录，同一本书同一个人在归还之前只能借阅一次，并且当可借阅数量为 0 的时候，不能借出。借阅时产生的新记录中，借阅日期为当天日期，归还日期为空。④实现续借功能，续借时不产生新的借阅记录，只是更改借阅日期为当天日期。⑤实现归还功能，归还时不产生新的借阅记录，只需要将空的归还日期更改为当天日期。⑥实现可借阅数量的查询功能，当可借阅数量为 0 的时候，该图书不允许再借阅了。每本图书的可借阅数量＝馆藏数量－已借数量，而已借数量＝归还日期为空的记录数量之和。

（3）仓库管理系统。

本系统是一个仓库的进销存管理系统，商品在仓库中的流转过程可分为进货和出货两个过程，过程完成后要根据出入库价格差进行利润核算。本系统需要两个表：商品表和出入明细表。商品表的属性有商品 ID、商品名称,出入明细表的属性有商品 ID、数量、单价、日期、备注,其中,数量为负数的时候表示出库,为正数的时候表示入库。

要求:①要有商品表(商品的基本信息)的维护界面。②必须先录入商品表的信息,然后才能出入库。③要实现出入库的功能,每次出入库都要产生一条新的出入明细表记录,注意数量为负数的时候表示出库,为正数的时候表示入库。④要实现利润查询功能,即根据某个商品出入库的单价和数量,计算出该商品的利润。⑤要实现库存数量的查询功能,即根据某个商品出入库的数量,计算出该商品的库存数量。

(4)订单管理系统。

本项目是商品销售过程中的订单管理系统,商品销售有些是通过订单方式进行的。订单中包含客户信息,订货日期,交货日期等,一个订单中有多种商品信息,称为订单详单。本系统需要两张表:订单表和订单详表,订单表的属性有订单 ID、客户名称、客户地址、客户电话、订货日期、交货日期,订单详表的属性有订单 ID、商品名称、销售数量、销售价格。

要求:①订单录入功能,一个订单中至少要有一个商品。②订单查询功能,要求能够根据客户名称、客户电话、订货日期范围查询出符合条件的订单,并统计出该订单的销售总金额。③订单删除功能,要求输入订单 ID,删除这张订单,同时删除订单中的所有商品记录。④本系统有日期类型数据,程序中要注意日期格式及合法性的检查。

(5)公交线路查询系统。

本系统模拟公交线路的查询功能,可以按线路查询公交车站点,也可以根据站名名称查询换乘方式。本系统只需要一张表:公交线路表,它的属性是线路号、站点名称、站点序号、距离,其中站点序号表示是第几个站,从 1 开始,距离表示某线路的某个站点离起点(即序号为 1 的站点)的距离。

要求:①系统要有公交线路的录入功能。②站点查询功能:即输入线路号,查询出该线路的所有途经站点。③线路及换乘查询:任意输入两个站点名称,计算出最合理的乘车线路。因为两个站点可能不在同一条线路上,所以结果可能是一条直达线路,也可能是多条换乘线路。合理的线路查询规则如下:如果两个站点在同一条线路上,选这条线路;否则,按距离最短或者换乘次数最少的原则安排线路。

实战 9　图形操作

在 C 语言程序设计中，常常需要进行图形处理方面的操作。本实战利用 EGE(Easy Graphics Engine)图形库，设计两个经典游戏，即贪吃蛇游戏和俄罗斯方块游戏。在游戏设计方面，这两个经典游戏是游戏编程和图形处理的入门级项目设计，通过设计这两个游戏，掌握利用 C 语言和 EGE 图形库进行图形操作的基本方法。

9.1　贪吃蛇游戏

9.1.1　项目功能需求

贪吃蛇游戏需求：在一个密闭的围墙空间内有一条蛇和一个随机出现的食物，通过按 W、S、A、D 键控制蛇向上、下、左、右四个方向移动。如果蛇头碰到食物，表示蛇吃掉食物，蛇的身体会增长一节；接着又出现新的食物，等待被蛇吃掉。游戏进行过程中，蛇身会变得越来越长。如果蛇在移动过程中，蛇头碰到自己的身体或碰到围墙，则游戏结束。

要求：

(1)利用 EGE 库对图形进行操作。

(2)利用 C 语言位运算提高游戏运行性能，减少代码量。

(3)实现蛇的表示：通过画矩形框，并利用某种颜色进行填充，表示蛇的一节身体。游戏初始，蛇的蛇头蛇尾重合。当吃掉食物后，蛇身增长。

(4)实现蛇的移动：必须沿蛇头方向在密闭围墙内上、下、左、右移动；如果游戏者无按键动作，则蛇自行沿当前方向前移；当游戏者按了 W、S、A、D 键后，需要重新确定蛇头的方向，然后移动。

(5)实现根据坐标绘制蛇、食物；食物要求在密闭围墙中随机生成。

(6)处理上、下、左、右的方向按键。

运行效果：

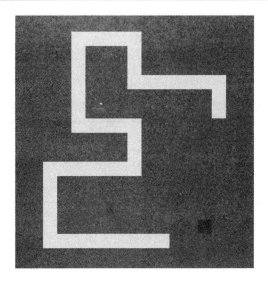

9.1.2 知识点分析

首先分析程序需要处理的游戏元素的表示方式。显然,贪吃蛇程序有三个处理对象,分别是游戏界面、蛇和食物。蛇和食物展示在界面上,可用矩形块表示蛇的每节身体和一个食物(本程序矩形块大小为 16 * 16)。这样,蛇由一系列矩形块构成,食物用一个矩形块构成。为方便定位蛇和食物,因此整个界面也用一系列的矩形块构成的矩阵表示(本程序为 30 行 40 列矩阵,每个矩阵元素为 16 * 16 的矩形块)。项目中将这个 30 * 40 的矩阵用一维数组表示,共有 1200 个数组单元。这里将这个 1200 个数组单元的一维数组称为画布。

由此看出,当程序处理的三个元素抽象后,就变成对一个个矩形块的操作。因此定义单位矩形块的表示是此游戏设计的基础工作。这里设计一个结构体表示单位矩形块,其属性有矩形块的宽和高。如何表示矩形块,如何在界面放置游戏三个元素的矩形块,需要用到 EGE 图形库的有关图形处理函数。

另外,为了操控游戏元素,需要设计一个较为复杂的数据结构,存储游戏中产生的界面、蛇身和食物元素。由于蛇是移动的,自然需要确定蛇的移动方向;移动后,蛇位置会发生变化。如何表示这个位置的变化? 如果能够确定蛇头、蛇尾和蛇增长的长度,蛇的每节身体的位置就能确定。因此需要知道蛇头、蛇尾的存储位置和蛇吃到食物后的增长长度。整个游戏的关键数据结构将用一个结构体表示。

通过本游戏程序的设计与实现,可达到如下目标:

(1)进一步掌握结构体声明和使用。

(2)掌握 EGE 图形库的部分常用函数。

(3)学会分析程序用到的数据结构,并针对具体程序灵活运用。

(4)学习 memset 和 memmove 内存操作函数。

(5)使用结构体处理复杂的数据结构。

(6)学会利用 C 语言位运算操作提高程序运行效率和减少代码量。

9.1.3　游戏设计要点和主要功能

1. 游戏设计要点

(1)单位矩形块的结构体定义是游戏程序三个元素的表示基础,结构体定义如下:

```
单位矩形块结构体　　{
    矩形块宽;
    矩形块高;
};
```

(2)为了操控界面、蛇和食物这个三个元素,需设计一个较为复杂的数据结构,存储游戏中产生的有关数据。这个最重要的结构体定义如下:

```
贪吃蛇游戏结构体　　{
    蛇移动方向;
    蛇头在画布中的位置;
    蛇尾在画布中的位置;
    蛇增长长度;
    游戏画布;
};
```

这里的游戏画布,即将 30 * 40 的矩阵用 1200 个数组单元的一维数组表示,是为了更方便和快速地访问游戏元素。在此画布上,可以画(存放)界面背景、蛇和食物。

(3)游戏程序一般都要求在一个循环中进行,当满足某个结束游戏的条件时退出游戏。这些条件要么是玩家按下退出键或关闭游戏窗口,或者游戏对象死亡时(比如蛇头碰到蛇身或者围墙)等。可以在死循环中设置退出循环条件来控制程序的运行。

```
while(1) {
    if(特定条件) return;
}
```

(4)本游戏为实战 6 的简单贪吃蛇游戏的另一个版本。除了锻炼学生利用结构体设计程序需要的数据结构和设计合理的游戏逻辑外,这里使用了 EGE 图形库相关函数,丰富了游戏界面的表示,同时利用图形库相关函数优化了屏幕图形刷新的平稳性。

(5)游戏程序还锻炼学生对 C 语言位运算的理解能力、使用位运算编程的能力以及二维数组下标和一维数组下标互转的能力。

(6)关于蛇移动方向计算说明:

设有两变量 dx 和 dy,分别表示蛇沿着 x 轴和 y 轴移动。下表说明了沿着 x 轴和 y 轴移动的正、负方向。

	值	说明
dx	1	沿 x 轴正方向移动,即从左往右移动
	−1	沿 x 轴负方向移动,即从右往左移动
dy	1	沿 y 轴正方向移动,即从上往下移动
	−1	沿 y 轴负方向移动,即从下往上移动

　　为了使代码简洁紧凑并富有效率，使用位运算，用一行代码计算蛇移动方向，省去了众多的条件判断语句。移动方向计算公式为：$dir = (dx+1) | ((dy+1)<<2)$，计算结果如下表：

	dx	dy	dir	说明
沿 x 轴移动	1	0	6	dir=6：蛇沿 x 轴正方向移动
	−1	0	4	dir=4：蛇沿 x 轴负方向移动
沿 y 轴移动	0	1	9	dir=9：蛇沿 y 轴正方向移动
	0	−1	1	dir=1：蛇沿 y 轴负方向移动

2. 主要功能

　　(1)游戏初始化功能，初始化游戏关键数据。整个游戏中的数据存放在 Game 结构体变量 game 中，Game 结构体是游戏用到的主要数据结构，游戏所有的操作都基于该数据结构。

　　此结构体变量 game 存放了蛇头部 head 和蛇尾部 tail 在画布中的位置、蛇的移动方向 dir、蛇吃到食物后的增长度 inc。game. pool 数组为游戏画布，可绘制游戏界面背景、蛇、食物。这三种游戏元素填充在 game. pool 数组的 1200 个单元内。

　　功能设计规定，数组元素值为 0 表示此单元存放游戏界面背景，即表示此单元为空，可以放置蛇身和食物；数组元素值为 0x10000，即十进制 65536，表示此单元存放蛇头；蛇身可以取 0x10001—0x1FFFF 的值；数组元素值为 0x20000，即十进制 131072，表示此单元存放食物。

　　(2)游戏控制功能，设计一个主控函数，负责游戏中三个元素的控制、调用产生食物函数、监听键盘事件，获取蛇移动方向信息，调用蛇移动的函数等。

　　(3)在画布的指定位置绘制矩形块功能。由于游戏的三个元素都用矩形块表示，因此可以代码重用矩形块绘制功能。此功能负责绘制矩形块，并用三种不同颜色填充，分别表示界面元素、蛇和食物。

　　(4)随机产生食物功能。此功能随机在画布中找出空位置，即非蛇位置，然后在这个位置上绘制食物。

　　(5)蛇移动功能。此功能为整个程序最关键的功能。它负责根据蛇移动的方向，计算蛇头、蛇身和蛇尾在画布中的位置，并调用绘制矩形块函数重绘移动后的蛇图。还要负责吃到食物后的身体增长和调用随机放置食物的函数。另外需要计算移动中，蛇头是否碰到自身或者围墙，如果碰到则结束游戏。

　　(6)本程序选择 16 * 16 的矩形块作为游戏元素表现的基本单位。整个游戏界面或画布由水平方向的 40 个矩形块和垂直方向的 30 个矩形块组成。

　　(7)此游戏为一个小型的图形操作游戏，用到的图形库是 EGE，头文件：graphics. h。该游戏用到的图形库函数有：setinitmode、initgraph、setbkcolor、setfillcolor、bar、is _ run、delay _ fps 等。这些函数的相应功能请参见程序代码相应的注释。函数详细用法可参见附录三。参考文献［3］和［4］给出了相关文档，其中列出了 EGE 图形库常用函数用法。

9.1.4 游戏流程图

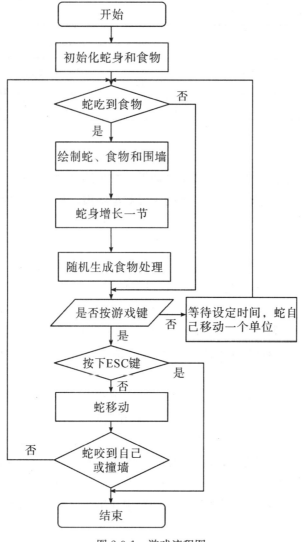

图 2-9-1 游戏流程图

9.1.5 项目实现

1. 头文件 snake. h

```
01  #ifndef _SNAKE_H
02  #define _SNAKE_H
03
04  //游戏画布宽度,即由 40 个 16*16 的矩形块构成
05  #define MAP_W 40
```

```
06   //游戏画布高度
07   #define MAP_H 30
08
09   /****************************/
10   /*  游戏需要的三种颜色                    * /
11   /*  DARKGRAY:深灰色,游戏界面背景色        * /
12   /*  YELLOW:黄色,蛇的颜色                  * /
13   /*  RED:红色,食物的颜色                   * /
14   /****************************/
15   const int GCOLOR[]={DARKGRAY,YELLOW,RED};
16
17   /****************************/
18   /*  构成画布的单位矩形块结构体 Block       * /
19   /*  gw:单位矩形块的宽                     * /
20   /*  gh:单位矩形块的高                     * /
21   /****************************/
22   typedef struct BLOCK {
23     int gw;
24     int gh;
25   }Block;
26
27   /****************************/
28   /*  本游戏最关键的数据结构                 * /
29   /*  结构体 Game:                          * /
30   /*  dir:蛇的移动方向                      * /
31   /*  head:蛇头在画布中的位置               * /
32   /*  inc:蛇增长的增量                      * /
33   /*  tail:蛇尾在画布中的位置               * /
34   /*  pool:游戏画布,大小为 1200 个单元       * /
35   /*  pool[i]=0 时,表示位置 i 放置游戏界面元素 * /
36   /*  pool[i]=0x10000-0x1FFFF 时,表示位置 i 放置蛇
                                              * /
37   /*  pool[i]=0x20000 时,表示位置 i 放置食物 * /
38   /****************************/
39   typedef struct SNAKE {
40     int dir,head,inc,tail;
41     int pool[MAP_W *  MAP_H];
42   }Game;
```

```
43
44    //游戏初始化函数。初始化蛇、食物和画布数据
45    void gameInit(Game &game);
46
47    //游戏主控函数
48    void gameScene(Game &game,Block block);
49
50    /*******************************/
51    /*  蛇移动函数                      */
52    /*  形参:                          */
53    /*  &game:Game 结构体变量的引用         */
54    /*  block:矩形块结构体变量              */
55    /*  dx:水平方向的移动。1:水平向右;-1:水平向左;0:水平不动      */
56    /*  dy:垂直方向的移动。1:垂直向下;-1:垂直向上;0:垂直不动      */
57    /*  u:布尔值,表示蛇自己移动还是玩家按键移动。默认 false,蛇自己移动  */
58    /*******************************/
59    int moveSnake(Game &game,Block block,const int dx,const int dy,
                     const bool u=false);
60
61    //在画布的位置 i 绘制矩形块
62    void drawAt(Game &game,Block block,const int &i);
63
64    //绘制食物
65    void newFruit(Game &game,Block block);
66    #endif
```

snake.h 头文件定义了程序需要的全局常量、数据结构和功能函数。5 行和 7 行给定了游戏画布的宽度 40 和高度 30。如果给定了界面的宽度和高度,比如 640 * 480,那么可以算出单位矩形块的宽度和高度都为 16,即界面宽(高)度/画布宽(高)度＝16。15 行定义了一个只读整型数组,用于存放游戏元素需要的三种颜色,即深灰色表示游戏界面背景,黄色表示蛇,红色表示食物。

22—25 行定义了单位矩形块的结构体 Block,此结构体封装了矩形块的宽 gw 和高 gh。39—42 行定义了本游戏程序中最重要的数据结构,即结构体 Game,其封装了蛇、食物和游戏界面的相关信息。其中,dir 为蛇移动方向,head 为蛇头在画布中的位置,inc 为蛇吃到食物身体增长的增量,此增量主要用于决定蛇尾何时移动。tail 为蛇尾在画布中的位置。pool 数组为游戏画布,放置蛇身、食物和游戏界面元素。画布中总共可以按照不同颜色绘制 MAP_W * MAP_H 个矩形块。设计规定,画布数组 pool 中具有三种类型的值:0 表示界面元素;0x10000—0x1FFFF 表示蛇;0x20000 表示食物。

从 45 行起开始程序用到的函数声明,也就是定义程序各功能模块接口。根据结构化、

模块化设计的思想,将程序功能分解为相对独立的几个功能模块,分别完成游戏初始化、游戏主控、蛇移动、随机生成食物、在画布指定位置绘制矩形块等功能。各功能模块之间的数据主要以上述两个结构体和全局常量的形式共享使用。

2. 游戏主函数 playsnake. cpp

```
01   int main() {
02       //设置初始化图形模式为动画编写模式
03       setinitmode(INIT_ANIMATION);
04
05       //初始化绘图环境,窗口尺寸为 640*480
06       initgraph(640,480);
07
08       //计算矩形块宽度 gw 和高度 gh
09       gw=getwidth()/MAP_W,gh=getheight()/MAP_H;
10
11       //初始化随机数序列
12       randomize();
13
14       //初始化游戏数据
15       gameInit();
16
17       //游戏主控函数,进入游戏主线程
18       gameScene();
19       return 0;
20   }
```

主函数在第 3 行调用 setinitmode 函数初始化图形模式为 INIT_ANIMATION,即图形模式为动画编写模式。setinitmode 的各种模式请参考 EGE 手册。6 行调用 initgraph 函数初始化绘图环境,设置游戏界面窗口大小为 640 * 480。9 行计算单位矩形块的宽 gw 和高 gh。EGE 图形库函数 getwidth()获取窗口宽度,getheight()获取窗口高度。通过与画布矩阵的宽 MAP_W 和高 MAP_H 的相除计算,得到单位矩形块的宽为 gw=640/40=16,高为 480/30=16,即单位矩形块大小为 16 * 16。12 行初始化随机数序列。如果不调用该函数,后续的 randomize 函数返回的序列将确定不变,不再具有随机性质。15 行调用 gameInit 函数初始化游戏数据。18 行调用游戏主控函数 gameScene,进入游戏主线程。

3. 各功能模块实现文件 snake. cpp

以下分别阐述各功能模块的作用。

1)游戏初始化函数

```
01   //游戏初始化函数。初始化蛇和界面数据
02   void gameInit(Game &game) {
03     /***********************************/
04     /*  初始化数据准备                              */
05     /*  game.dir=6,蛇初始从左向右移动                 */
06     /*  game.head=0,蛇头初始放在画布数组第一个单元      */
07     /*  game.inc=2,蛇初始身长增量为2                  */
08     /*  game.tail=0,蛇尾初始放在画布数组第一个单元      */
09     /*  画布数组的第一个元素值,即game.pool[0]=0x10000,表示蛇头   */
10     /***********************************/
11     int data[]={6,0,2,0,0x10000};
12     memset(game.pool,0,sizeof(game.pool));
13     memmove(&game,data,sizeof(data));
14   }
```

　　gameInit(Game &game)函数将初始化程序中最重要的结构体变量 game。形参 Game &game 为结构体类型的引用。第 11 行准备游戏初始化数据,将蛇移动方向设置为 6(即从左向右水平移动)、蛇头和蛇尾在画布数组中的位置为 0,即 game.pool 数组的 0 号单元。初始化蛇身长度增量为 2,为蛇尾何时移动做准备。并将画布数组 pool 第一个元素设置为 65536,表示此单元放置的是蛇头。第 12 行的 memset 函数初始化游戏画布 game.pool 数组,全部元素置为 0,即全部为游戏界面元素。13 行的 memmove 函数将 data 中的值复制到 game 中。数据复制后,game 结构体变量的有关属性值见代码注释 5—9 行。

　　2)程序主控模块函数

```
01   //程序主控模块函数
02   void gameScene(Game &game,Block block) {
03     setbkcolor(DARKGRAY);            //设置游戏背景色
04     setfillcolor(YELLOW);            //设置单位矩形块填充色
05     bar(0,0,block.gw,block.gh);      //画单位矩形块,初始化蛇图形
06
07     //随机产生一个食物
08     newFruit(game,block);
09
10     //游戏不断循环并以稳定的帧率进行,直到关闭游戏窗口结束游戏
11     for(int c=-1;is_run();delay_fps(60),--c) {
12       while(kbhit()) {               //循环监听键盘按键事件
13         int key=getch() | 0x20;      //获取按键的 ASCII 码值
14
15         //按下 ESC 键退出游戏
16         if(key==(27 | 0x20)) return;
```

```
17
18          //当按下键盘 A 键和 D 键,蛇将会水平方向左右移动
19          if(key=='a' || key=='d') {
20            //调用重要功能函数:蛇移动函数
21            if (! moveSnake(game,block,((key-'a')>>1<<1)-1,0,true))
                return;      //如果蛇死亡,则退出游戏
22
23          //当按下键盘 W 键和 S 键,蛇将会垂直方向上下移动
24          }else if(key=='w' ||key=='s') {
25            //调用重要功能函数:蛇移动函数
26            if (! moveSnake(game,block,0,1 - ((key-'s')>>2<<1),
                true))return;      //如果蛇死亡,则退出游戏
27          }
28        }
29
30        //处理游戏用户无按键时,蛇自己沿着当前方向向前移动
31        if(c<0) {
32          if (! moveSnake(game,block,(game.dir&3)-1,(game.dir>>2)-
              1))return;
33          c=20;      //处理蛇自己移动的时间间隔因子,为 20/60 秒处理一次
34        }
35      }
36    }
```

gameScene(Game &game,Block block)函数为游戏的主控函数。它负责控制游戏的整个运行,即判断用户是否按键操作蛇的移动、是否游戏结束。同时,还要控制游戏能以稳定的帧率进行,保持游戏的画面运动的流畅度。

11 行的 for 循环,保证游戏以稳定的帧率进行,即保证游戏的流畅度,直到关闭游戏窗口结束游戏。其中,c 为处理蛇自己移动的时间间隔因子;is_run 函数用于判断游戏窗口是否还存在,返回值为 1 表示窗口还存在,游戏还在运行,返回值为 0 表示游戏窗口已经被关闭了;delay_fps 函数为游戏保持流畅度的一个重要 EGE 图形库函数,此函数实现了游戏稳定的帧率。delay_fps(60)意味着游戏每秒最大 60 帧,即最多 1 秒执行 60 次。如果执行一次 for 循环,超过了 1/60 秒就继续循环;如果小于 1/60 秒,就等待到 1/60 秒继续循环。

对用户是否按键操控蛇的移动,在 12 行循环使用 kbhit 函数进行监听。13 行获取用户按键值,16 行如果按键为 ESC 键,则退出游戏。

19 行和 24 行分别判断了用户的按键是控制蛇水平方向移动还是垂直方向移动,然后分别调用蛇移动函数 moveSnake 让蛇移动,同时判断移动后的返回值,如果返回 0,则表示蛇死亡,将退出游戏。31—34 行处理无用户按键时,蛇自行沿蛇头方向移动的问题。33 行设置了一个处理蛇自己移动的时间间隔因子 c=20,表示程序将 20/60 秒处理一次蛇的自

行移动。c值越小,蛇自行移动越快,游戏难度也越大。

3)蛇移动函数

```
01  /*****************************/
02  /*  蛇移动函数   */
03  /*  形参:  */
04  /*  &game:Game 结构体变量的引用   */
05  /*  block:矩形块结构体变量   */
06  /*  dx:水平方向的移动。1:水平向右;-1:水平向左;0:水平不动   */
07  /*  dy:垂直方向的移动。1:垂直向下;-1:垂直向上;0:垂直不动   */
08  /*  u:布尔值,表示蛇自己移动还是玩家按键移动。默认 false,蛇自己移动   */
09  /*****************************/
10  int moveSnake (Game &game,Block block,const int dx,const int dy,
                   const bool u) {
11    if(u && dx+(game.dir&3)==1 && dy+(game.dir>>2)==1) return 1;
12
13    int nh;//蛇头位置
14
15    //蛇沿 x 轴方向移动
16    if(dx && !dy) {
17      //计算蛇如果沿 x 轴移动 1 个位置,计算蛇头在画布矩阵中的列数
18      nh=game.head%MAP_W+dx;
19
20      //如果计算出的位置为负数或者大于画布宽度,则蛇在 x 轴正负方向上碰壁
21      if(nh<0 || nh>=MAP_W) return 0;
22
23      //如果没有碰壁,则更新蛇头位置,为当前蛇头位置加 1
24      nh=game.head+dx;
25    }
26
27    //蛇沿 y 轴方向移动
28    else {
29      //计算蛇如果沿 y 轴移动 1 个位置,计算蛇头在画布矩阵中的行数
30      nh=game.head/MAP_W+dy;
31
32      //如果计算出的位置为负数或者大于画布高度,则蛇在 y 轴正负方向上碰壁
33      if (nh<0||nh>=MAP_H) return 0;
34
35      //如果没有碰壁,则更新蛇头位置,为当前蛇头位置加画布宽度
```

```
36        nh=game.head+dy *MAP_W;
37    }
38
39    /* * * * * * * * * * * * * * * * * * * * * * * * * * */
40    /*  计算画布数组单元内存放的是游戏三种元素的哪一种  * /
41    /*  s=0:存放游戏界面背景元素  * /
42    /*  s=1:存放蛇  * /
43    /*  s=2:存放食物  * /
44    /* * * * * * * * * * * * * * * * * * * * * * * * * * */
45    int s=game.pool[nh]>>16;
46
47    //蛇头碰到自己身体
48    if(s==1) return 0;
49
50    //蛇头吃到食物
51      if(s==2){
52      game.inc +=5;//蛇身增加 5
53      newFruit(game,block);//放置新食物
54    }
55
56    if(game.inc>0) --game.inc;//实际蛇身应减 1
57    else {
58      game.tail=game.pool[s=game.tail] & 0xffff;
59      game.pool[s]=0;
60      drawAt(game,block,s);
61    }
62
63    //处理蛇头
64    game.pool[game.head] |=nh;
65    game.pool[game.head=nh]=0x10000;
66    drawAt(game,block,nh);
67
68    //计算蛇要移动的方向
69    game.dir=(dx+1) | ((dy+ 1)<<2);
70    return 1;
71  }
```

　　moveSnake(Game &game,Block block,const int dx,const int dy,const bool u)函数为游戏程序的核心函数。本函数模块负责蛇的移动,具体为处理蛇移动方向的计算,判断

蛇是否碰壁或者咬到自己从而结束游戏，计算蛇的移动方向、蛇头移动到的位置、蛇尾何时移动，调用随机食物生成函数和画矩形块函数绘制食物、蛇和游戏界面背景。蛇移动中的各种数据将按照游戏逻辑，保存在结构体变量 game 中。

11 行的主要作用是防止用户按键为一对矛盾键时，游戏结束。矛盾键有两对，即左移动 A 键和右移动 D 键，上移动 W 键和下移动 S 键。举例来说，如果蛇目前正从左向右移动，证明用户正在按键 D，那么这个时候用户按键 A 的话，蛇将向左移动，从而咬着自己，这种蛇的移动方向应该禁止。13 行定义蛇头的位置。此位置有两个作用，一个作用是计算保存蛇头在二维画布矩阵中的宽度或者高度位置，用于判断蛇是否碰壁。另一个作用是如果蛇没有碰到围墙，那么计算保存蛇头移动后在一维画布数组中的位置。

按照蛇水平移动和垂直移动方向不同，蛇移动后的位置计算也不同。16—25 行计算蛇沿 x 轴方向移动后的位置。28—37 行计算蛇沿 y 轴方向移动后的位置。18 行计算蛇头在画布矩阵中的宽度，即蛇头在画布矩阵中所在的列。21 行表示蛇头在 x 轴左或右方向上碰壁。如果蛇没有碰壁，24 行计算蛇头在一维画布数组中的新位置。沿 y 轴方向的分析类似，不再赘述。

45 行是一个非常重要的计算。通过一维画布数据中的蛇头新位置 nh 所存放的数据，可以计算此位置存放的元素，即存放界面背景元素（空元素）、蛇还是食物。具体计算结果有三种，0 表示存放的空元素，1 表示存放的蛇，2 表示存放的食物。此计算结果是通过右移位运算得到。48 行表示蛇头碰到自己的身体，则游戏结束。51—54 行进行蛇吃到食物后的处理。蛇吃到食物在 52 行身体增长，这里设置为 5，可以设置为任意长度，游戏的难度可以体现在这里，需要在项目扩展中去完成。53 行为调用随机放置下 个新食物的函数。

56—61 行处理蛇尾的移动。没有吃到食物的大多数情况下，尾巴会马上移动。这在57—61 行进行处理。58 行通过位运算将尾巴向前移动一个位置（x 轴方向的一个位置为一维画布数组相邻位置，y 轴方向的一个位置间隔画布宽度），同时记录下原来尾巴的位置。59 行将原尾巴位置置空，表示蛇已经移走。60 行绘制原尾巴位置为背景色。还有一种情况是，如果蛇吃到食物后的处理。由于身体的增长，所以要等到增长的身体全部移动后，才能移动尾巴，这在 56 行进行处理。

64—66 行处理移动中的蛇头。首先在 64 行通过或运算更新原蛇头在画布中的值，然后 65 行将蛇头的值置为 0x10000，66 行绘制在画布新位置的蛇头。第 69 行根据目前蛇移动方向，利用位运算计算蛇下一次要移动的方向。moveSnake 函数返回 1，表示正常返回值；返回 0，表示游戏结束。

4）绘制单位矩形块函数

```
01    //在指定位置 i 画单位矩形块
02    void drawAt(const int &i) {
03        //计算矩形块左上角坐标(x,y)
04        int x=(i%MAP_W)*gw,y=(i/MAP_W)*gh;
05
06        //用 GCOLOR 数组中三种颜色中的一种填充矩形块
07        //颜色说明请看头文件 snake.h
```

```
08      setfillcolor(GCOLOR[game.pool[i]>>16]);
09      bar(x,y,x+gw,y+gh);      //无边框填充矩形块
10    }
```

　　drawAt(const int &i)函数完成游戏单位矩形块在指定画布位置的绘制工作。即在画布数组 game.pool[i]的第 i 个位置绘制矩形块。4 行计算矩形块左上角(x,y)坐标,8 行调用 EGE 库函数 setfillcolor 设置矩形块填充颜色。颜色值由画布数组单元的值右移 16 位得到,其可能值为 0、1、2,分别表示空元素颜色、蛇颜色和食物颜色。9 行调用 EGE 库函数 bar 以相应的颜色绘制游戏单位矩形块。

　　5)绘制食物函数

```
01    //随机选择一个画布空元素作为食物位置,并绘制食物
02    void newFruit(){
03      int nf;       //食物在一维画布数组中的位置
04
05      //随机寻找游戏画布中可放置食物的空位置
06      while(game.pool[nf=random(MAP_W*MAP_H)]>>16);
07
08      game.pool[nf]=0x20000;      //0x20000 表示食物
09      drawAt(nf);       //绘制食物
10    }
```

　　newFruit()函数完成食物绘制工作。3 行定义了食物在一维画布数组中的位置。6 行循环检测一维画布中的空位置,用于存放食物。检测空位置是循环随机检测,从而让食物放置具有随机性,增加游戏的趣味性。random(MAP_W * MAP_H)函数在 1200 个画布位置中随机找到一个位置 nh,并取出位置 nh 的元素值,如果元素右移 16 位为 0,证明为空元素,可以在该位置放置食物。8 行将随机找到的画布空位置 game.pool[nf]的值设置为食物标识值 0x20000。9 行调用 drawAt 函数在画布指定位置 nf 上绘制食物。

9.1.6　项目扩展

　　(1)如果游戏功能需要计时,该如何实现?
　　(2)如果游戏功能需要计分,如吃掉一个食物,计 10 分,该如何实现?
　　(3)当积分达到一定值,提高蛇的移动速度,该如何实现?
　　(4)当积分或者时间达到一定值,蛇吃到增长越来越快,该如何实现?

9.2 俄罗斯方块

9.2.1 项目功能需求

（1）实现各种方块的生产，包括形状和颜色等信息；

（2）实现各个方块的上、下、左、右移动和旋转的功能；

（3）实现消行的功能；

（4）实现开始、结束、重玩等功能。

运行效果：

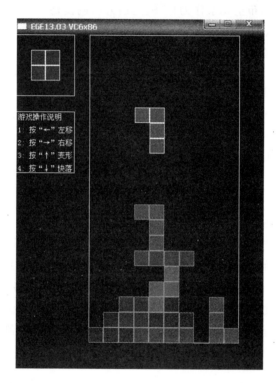

9.2.2 知识点分析

该项目用 EGE 图形库进行图形处理。该程序处理的对象是一个 4 * 4 矩阵的控制块，该控制块包含多种属性，属于复杂的数据类型，需要用一个结构体表示和处理。

相应的游戏控制状态有四种，每种状态根据不同的游戏环境改变，在程序中起到标识的作用，可用一个枚举类型来存放四种控制状态。

通过该项目需达到以下目标：

（1）学会在程序中创建所需的结构体，并能熟练使用。

（2）熟悉枚举类型的定义与操作。

（3）熟练使用多维数组表示和处理游戏所需处理等问题。

（4）学会使用 EGE 图形库编写图形程序，熟悉图形界面的设计。

(5)熟练分析并处理程序中的业务逻辑。

9.2.3　算法思想

程序在运行中需要不断地更新屏幕,保证屏幕正常显示,需要通过循环控制屏幕的更新。

```
for ( ;(条件判断);(循环控制)){
    //特定语句
}
```

(1)程序中的控制块由 $4 * 4$ 矩阵表示。要控制方块形状的自由变换,需用相应的算法来实现。在本程序中方块个数和方块变形的数量只在小的可控范围内,故采取逐一列举的方法,列举所有方块及该方块的所有变形,将其保存在一个多维数组中,然后通过数组下标来访问某一特定形状。

(2)程序控制主要分成两个部分。一部分主要处理游戏逻辑,控制游戏操作,并记录其更新值;另一部分更新游戏图形,通过游戏逻辑部分记录的值、布局与绘制屏幕。

(3)主游戏池中的图形处理通过定义一个数组来保存,然后将其不断更新到屏幕上。

(4)随机数的操作,通过随机数对游戏方块的形状进行随机处理。

9.2.4　系统流程图

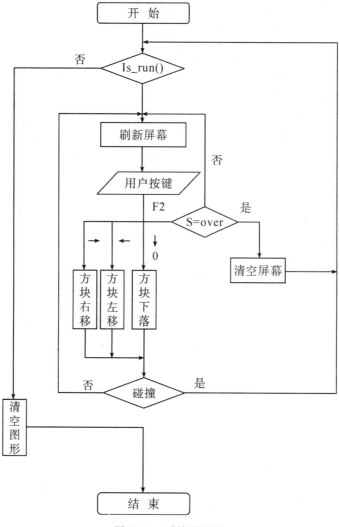

图 2-9-2　系统流程图

9.2.5　项目实现

1. 头文件：tetris. h

```
01  #ifndef _TETRIS_H
02  #define _TETRIS_H
03  #include<graphics.h>
04
```

```
05  #define VK_F2          0x71        //F2 键
06  #define VK_LEFT        0x25        //"←"键
07  #define VK_RIGHT       0x27        //"→"键
08  #define VK_DOWN        0x28        //"↓"键
09  #define VK_UP          0x26        //"↑"键
10  #define VK_NUMPAD0     0x60        //小键盘 0 键
11  #define VK_SPACE       0x20        //空格键
12
13  //状态表
14  enum {
15    ST_START,      //游戏重新开始
16    ST_NEXT,       //准备下一个方块
17    ST_NORMAL,     //玩家控制阶段
18    ST_OVER        //游戏结束,F2 重新开始
19  };
20
21  typedef struct TetrisGame{
22    int m_gamepool_w,m_gamepool_h;      //游戏地图宽和高
23    int m_gamepool[30][30];    //从 1 为起始下标,下标 0 用于边界碰撞检测
24
25    /********************************/
26    /*  被控制方块的属性     */
27    /********************************/
28    int m_ctl_x,m_ctl_y;
29    int m_ctl_t;     //第 n 种形状中某种变形方块
30    int m_ctl_s;     //7 种形状中的一种
31    float m_ctl_dx,m_ctl_dy;     //方块在 x,y 方向上的速度
32    int m_next_s;    //下一个方块
33    int m_forbid_down;     //方块是否可以下落标识
34    int m_colormap[10];    //方块的 10 种颜色
35
36    PIMAGE m_pcb;              //定义名为 m_pcb 的 PIMAGE 对象
37  }Game;
38
39  //初始化全局数据函数
40  void initgr();
41  //游戏初始化函数
```

```
42   void initGame (Game *obj,int w,int h,int bw,int bh,int droptime,int
             movetime);
43   //逻辑更新函数
44   void update(Game *obj);
45   //状态转换处理函数
46   int deal (Game *obj);
47   //碰撞检测函数
48   bool isCrash(Game *obj);
49   //图形更新函数
50   void render(Game *obj);
51   //合并、消行处理函数
52   void merge(Game *obj);
53   //在方块外面画边框函数,起到图形美化作用
54   void drawedge(int x,int y,int w,int h);
55   //画方块函数
56   void drawtile(int x,int y,int w,int h,int color);
57   //画图形边框函数
58   void drawframe(int x,int y,int w,int h,int d=0);
59   //画控制块函数
60   void draw44(Game *obj,int bx,int by,int mat[4][4],float dx=0,float
             dy=0);
61   # endif
```

　　5-11 行定义键盘事件宏,以键盘事件 ASCII 码的 16 进制表示。14-19 行用枚举列举出游戏的所有状态。21-37 行定义一个结构体,包含主游戏池和被控制方块的相关属性。结构体中的 PIMAGE 类型在 EGE 图形库文件中定义,用来保存图形对象。40-60行声明程序中用到的所有自定义函数,完成游戏所需的功能。具体包括全局数据的初始化函数、游戏的初始化函数、逻辑更新函数、状态转换处理函数、碰撞检测函数、图形更新函数、合并消行处理函数、画方块、控制块以及相应边框函数。

2. 游戏主程序 doMain. cpp

```
01   #include<stdio. h>
02   #include<graphics. h>
03   #include "tetris. h"
04
05   int main() {
06     int nfps=120;      //设置屏幕刷新率
07     initgr();       //初始化全局数据
08
```

```
09   Game game;      //定义 game 对象
10   initGame(&game,10,20,24,24,nfps/2,10);      //游戏初始化处理
11
12   //设置窗口更新模式为手动更新
13   setrendermode(RENDER_MANUAL);
14
15   //游戏不断循环并以稳定的帧率进行,直到关闭游戏窗口结束游戏
16   for ( ;is_run();delay_fps(nfps)) {
17     update(&game);     //逻辑更新主函数
18     render(&game);     //图形更新主函数
19   }
20
21   delimage(game.m_pcb);     //删除 PIMAGE 对象
22   getch();
23   closegraph();     //关闭图形环境
24   return 0;
25 }
```

主函数在 6 行设置屏幕刷新率为 120，7 行调用 initgr 函数初始化游戏的全局数据。9 行定义游戏主要的结构体对象 game，10 行进行游戏初始化处理工作，即初始化 game 结构体对象的相关属性。13 行将游戏窗口更新模式设为手动更新模式，此模式需要调用 delay_fps/delay_ms 等带有等待特性的 EGE 库函数才刷新窗口，能够提升绘制图形的相关函数的执行速度，并避免屏幕闪烁。

16—19 行为游戏的主控代码部分，游戏不断以稳定帧率进行，循环调用逻辑更新函数 update 和图形更新函数 render 控制游戏的运行，直到关闭游戏窗口结束游戏。is_run 函数用于判断游戏窗口是否还存在，返回值为 1 表示窗口还存在，游戏还在运行，返回值 0 表示游戏窗口已经被关闭了；delay_fps 函数为游戏保持流畅度的一个重要 EGE 图形库函数，此函数实现了游戏稳定的帧率。delay_fps(120)意味着，游戏每秒最大 120 帧，即最多 1 秒执行 120 次。如果执行一次 for 循环，超过了 1/120 秒就继续循环；如果小于 1/120 秒，就等待到 1/120 秒继续循环。

21—23 行在程序退出主循环后，调用图形库函数 delimage 释放资源，并调用 closegraph 函数关闭图形环境，处理游戏结束后的资源回收等工作。

3. 各功能模块实现文件 tetris.cpp

以下分别阐述各功能模块的作用。

1)初始化全局数据函数

```
01  #include<time.h>
```

```
02   #include<stdio.h>
03   #include<string.h>
04   #include "graphics.h"
05   #include "tetris.h"
06
07   const int g_width=400;          //窗口的宽度
08   const int g_height=520;         //窗口的高度
09
10   int m_base_x,m_base_y;
11   int m_base_w,m_base_h;          //方块的宽度和高度
12
13   //相关速度的定义
14   int m_droptime;                 //下落速度
15   int m_curtime;
16   int m_cursubtime;
17   int m_movxtime;                 //横向移动速度
18   int m_curxtime;
19
20   //游戏状态和键盘定义
21   int m_state;                    //游戏主状态
22   int m_Keys[8];                  //键盘事件
23   int m_KeyFlag[8];               //按键标识
24   int m_KeyState[8];              //键盘状态
25
26   //方块图形数组,记录 7 种形状及其 4 种旋转形状
27   static int g_trs_map[8][4][4][4];
28
29   //各图形形状的变化数目表
30   static int g_map_mod[]= {1,4,4,4,2,2,2,1,0};
31
27   /* 初始化全局数据* /
28   void initgr() {
29       //图形初始化,窗口尺寸 400*520
30       initgraph(g_width,g_height);
31       //设置游戏字体
32       setfont(12,6,"宋体");
33
34       //初始化 7 种游戏形状,4 种变化,每种变化用 4*4 矩阵表示
```

```
35    int Trs_map[8][4][4][4]=
36    {
37     {{{0}}},
38     {{
39      {0,0,0,0},{1,1,1,0},{0,1,0,0},{0,0,0,0}
40     },{
41      {0,1,0,0},{1,1,0,0},{0,1,0,0},{0,0,0,0}
42     },{
43      {0,1,0,0},{1,1,1,0},{0,0,0,0},{0,0,0,0}
44     },{
45      {0,1,0,0},{0,1,1,0},{0,1,0,0},{0,0,0,0}
46     },},
47     {{
48      {2,2,0,0},{0,2,0,0},{0,2,0,0},{0,0,0,0}
49     },{
50      {0,0,2,0},{2,2,2,0},{0,0,0,0},{0,0,0,0}
51     },{
52      {0,2,0,0},{0,2,0,0},{0,2,2,0},{0,0,0,0}
53     },{
54      {0,0,0,0},{2,2,2,0},{2,0,0,0},{0,0,0,0}
55     },},
56     {{
57      {0,3,3,0},{0,3,0,0},{0,3,0,0},{0,0,0,0}
58     },{
59      {0,0,0,0},{3,3,3,0},{0,0,3,0},{0,0,0,0}
60     },{
61      {0,3,0,0},{0,3,0,0},{3,3,0,0},{0,0,0,0}
62     },{
63      {3,0,0,0},{3,3,3,0},{0,0,0,0},{0,0,0,0}
64     },},
65     {{
66      {4,4,0,0},{0,4,4,0},{0,0,0,0},{0,0,0,0}
67     },{
68      {0,0,4,0},{0,4,4,0},{0,4,0,0},{0,0,0,0}
69     },},
70     {{
71      {0,5,5,0},{5,5,0,0},{0,0,0,0},{0,0,0,0}
72     },{
```

```
73          {0,5,0,0},{0,5,5,0},{0,0,5,0},{0,0,0,0}
74        },},
75        {{
76          {0,0,0,0},{6,6,6,6},{0,0,0,0},{0,0,0,0}
77        },{
78          {0,0,6,0},{0,0,6,0},{0,0,6,0},{0,0,6,0},
79        },},
80        {{
81          {0,0,0,0},{0,7,7,0},{0,7,7,0},{0,0,0,0}
82        },},
83        };
84
85        //将数组 Trs_map 中的数据拷贝到方块图形数组 g_trs_map 中
86        memcpy(g_trs_map,Trs_map,sizeof(Trs_map));
87    }
```

7—26 行定义游戏用到的全局变量和相关数组。28—87 行为初始化全局数据函数 initgr。30 行调用图形初始化函数 initgraph 将游戏窗口大小设置为 400 * 520。32 行设置游戏用到的字体。35—83 行设置并初始化了一个多维数组 Trs _ map，该数组用来列举游戏控制块的 7 种形状及其每种形状的各种变化，每种变化用 4 * 4 矩阵表示，每个大于 0 的数字表示一个控制块的显示单元。数组元素 0—7 的数字分别表示控制块不同的颜色，0 表示背景色，即不显示任何控制块。例如，第 81 行的 4 * 4 矩阵表示一个由 4 个点阵单元构成的正方体控制块。86 行调用 memcpy 函数将数组 Trs _ map 中的数据拷贝到全局方块图形数组 g _ trs _ map 中。

（2）游戏初始化函数

```
01   /********************************/
02   /*  obj:游戏 Game 结构体指针变量  * /
03   /*  w,h:游戏画布的宽和高   * /
04   /*  bw,bh:单位方块的宽和高   * /
05   /*  droptime:方块下落速度  * /
06   /*  movetime:方块横向移动速度  * /
07   /********************************/
08   void initGame (Game *obj,int w,int h,int bw,int bh,int droptime,int
                  movetime) {
09     //初始化游戏用到的 10 种颜色
10     int colormap[10]={0,0xA00000,0xA05000,0xA0A000,0xC000,0x00A0A0,
                  0x4040C0,0xA000A0,0x808080,0xFFFFFF};
11     memcpy(obj->m_colormap,colormap,sizeof(obj->m_colormap));
12
```

```
13      //定义键盘事件
14      int Keys[8]={VK_F2,VK_LEFT,VK_RIGHT,VK_DOWN,VK_UP,VK_NUMPAD0,
                     VK_SPACE};
15      memcpy(m_Keys,Keys,sizeof(Keys));
16      //初始化键盘状态
17      memset(m_KeyState,0,sizeof(m_KeyState));
18
19      //初始化游戏池的宽和高
20      obj->m_gamepool_w=w;        //设为 10
21      obj->m_gamepool_h=h;        //设为 20
22
23      //初始化单位方块的宽和高
24      m_base_w=bw;                //宽设为 24
25      m_base_h=bh;                //高设为 24
26
27      //初始化方块图形下落速度和横向移动速度
28      m_droptime=droptime;
29      m_movxtime=movetime;
30
31      //随机数初始化
32      randomize();
33
34      //当前被控方块的属性
35      obj->m_ctl_t=-1;
36
37      //创建一个图形对象
38      obj->m_pcb=newimage();
39
40      for (int i=0;i<10;++i) {
41      drawtile(bw *i,0,bw,bh,colormap[i]);
42          }
43
44      //从屏幕获取图像
45      getimage(obj->m_pcb,0,0,bw*10,bh);
46
47      //设置游戏主状态为开始状态
48      m_state=ST_START;
49  }
```

　　initGame 函数用来初始化 Game 对象中的相关属性，形参解释请参看 2—6 行注释。10—11 行定义并初始化 colormap 数组，用于存放游戏用到的 10 种颜色，并调用 memcpy 函数将 colormap 数组中的值复制给 Game 结构体对象 obj 的属性 obj→m_colormap 所在数组空间。11—17 行定义键盘事件，并将键盘的初始状态初始化为 0。

　　20—21 行初始化主游戏池的宽度为 10 和高度为 20。宽度为 10 表示可以容纳 10 个小的单位方块。如果单位方块为 24，则游戏池的宽度为 10 * 24＝240。24—25 行初始化单位控制块的宽和高，这里的单位为像素，都设置为 24。

　　28—29 行分别初始化方块图形下落速度和横向移动速度。28 行为 EGE 图形库的随机数初始化函数。特别注意，如果这里不调用该函数，后面调用 random 返回的序列将会是确定不变的，将得不到好的随机效果。这相当于 C 库函数中的 srand() 函数和 rand() 函数，但这里不能使用 C 的这两个库函数，在使用中应当注意两者的区别。

　　35 行设置当前被控方块的属性为－1，表示方块无任何变形。38 行创建一个图形对象。40—42 行利用 for 循环，不断调用 drawtile 函数，使用初始化的颜色数组中的颜色画出 10 个不同颜色的单位方块。45 行 getimage 是 EGE 图形库中的一个重载函数，用于从屏幕、文件、资源、IMAGE 对象中获取图像。此处是从屏幕中获取图像。48 行将游戏主状态设置为 ST_START 开始状态。

　　3）游戏逻辑更新函数

```
01  void update(Game *obj) {
02    key_msg key;
03    int k=kbmsg();      //检测键盘消息
04
05    while(k) {
06      key=getkey();      //获取键盘消息
07      for(int i=0;i<8;++i) {
08        if(key.key==m_Keys[i]) {
09          if(key.msg==key_msg_down) {              //键盘按下
10            m_KeyFlag[i]++;
11            m_KeyState[i]=1;
12          }else if(key.msg==key_msg_up) {          //键盘弹起
13            m_KeyFlag[i]=0;
14            m_KeyState[i]=0;
15            if(i==3) obj->m_forbid_down=0;
16          }
17        }
18      }
19      k=kbmsg();
20    }
21    while(deal(obj));      //状态转换处理
22  }
```

游戏逻辑更新函数 update 用于侦听键盘事件，处理游戏状态的转换。2 行定义了一个 EGE 图形库 key_msg 对象 key，用于保存键盘消息。4 行 kbmsg 函数检测当前是否有键盘消息。如果有键盘消息，返回 1；否则返回 0。5—20 行循环处理键盘按下和弹起事件，并记录相关按键事件。21 行循环调用 deal 函数处理游戏状态的转换。如果状态为 ST_START 的"初始化"状态和 ST_NEXT 的"准备下一个控制块"状态，程序继续循环处理游戏的逻辑部分；否则就跳出循环，结束逻辑部分的处理工作。

4）游戏状态转换处理函数

```
01  int deal(Game *obj) {
02    int nRet=0;
03    switch (m_state){
04      case ST_START:      //初始化
05        int x,y;
06        obj->m_next_s=random(7)+1;
07
08        memset(obj->m_gamepool,255,sizeof(obj->m_gamepool));
09        for(y=1;y<=obj->m_gamepool_h;++y) {
10          for (x=1;x<=obj->m_gamepool_w;++x)
11            obj->m_gamepool[y][x]=0;
12        }
13
14        obj->m_forbid_down=0;
15        obj->m_ctl_t=-1;
16        nRet=1;
17        m_state=ST_NEXT;
18        break;
19      case ST_NEXT:       //准备下一个方块
20        //方块出现的初始位置
21        obj->m_ctl_x=(obj->m_gamepool_w-4) / 2+1;
22        obj->m_ctl_y=1;
23        obj->m_ctl_t=0;
24        obj->m_ctl_s=obj->m_next_s;
25        obj->m_ctl_dy=0;
26        obj->m_next_s=random(7)+1;
27        m_curtime=m_droptime;     //方块下落速度
28        m_curxtime=0;
29        nRet=1;
30        if(isCrash(obj)) m_state=ST_OVER;
31        else m_state=ST_NORMAL;
```

```
32          break;
33      case ST_NORMAL:      //玩家控制阶段
34        //处理方块自由下落
35        int i,j;
36        if(m_KeyState[3]==0 || obj->m_forbid_down) {
37          --m_curtime;
38          m_cursubtime=1;
39        }
40        if(m_curxtime) {
41          if(m_curxtime<0) m_curxtime++;
42          else m_curxtime--;
43        }
44
45        //处理按键
46        for(i=1,j=1;i<=2;++i,j-=2) {
47          //水平上根据按左、右方向键的次数重新定位方块
48          for( ;m_KeyFlag[i]>0;--m_KeyFlag[i]) {
49            obj->m_ctl_x-=j;                //左键减 1,右键加 1
50            if(isCrash(obj)) obj->m_ctl_x+=j;
51            else m_curxtime=m_movxtime *  j;
52          }
53        }
54
55        //处理 x 方向平滑
56        obj->m_ctl_dx=float(double(m_curxtime)/m_movxtime);
57
58        //旋转变形
59        for(i=4,j=1;i<=5;++i,j-=2) {
60          for (int t ;m_KeyFlag[i]>0;--m_KeyFlag[i]) {
61            obj->m_ctl_t=((t=obj->m_ctl_t)+g_map_mod[obj->m_ctl_
                        s]+j)%g_map_mod[obj->m_ctl_s];
62            if ( isCrash(obj) )obj->m_ctl_t=t;
63          }
64        }
65
66        if(obj->m_forbid_down==0 && (m_KeyState[3]))
67          m_curtime-=m_cursubtime++;        //按下"↓"键后加速下落
68
```

```
69          if(m_curtime<0) {          //超时
70           ++obj->m_ctl_y;          //下落一行
71           if(isCrash(obj)) {
72            --obj->m_ctl_y;
73            merge(obj);              //合并、消行处理
74            obj->m_ctl_dy=0;
75            obj->m_ctl_dx=0;
76            obj->m_ctl_t=-1;
77            if(m_KeyState[3]){
78             obj->m_forbid_down=1;  //已经合并,不能再下落
79            }
80            m_state=ST_NEXT;
81           }else m_curtime+=m_droptime;
82          }
83          if(m_state==ST_NORMAL) {
84           //处理 y 方向平滑
85           obj->m_ctl_dy=float(double(m_curtime)/m_droptime);
86          }
87          break;
88     case ST_OVER:     //游戏结束
89       if(m_KeyFlag[0]>0) m_state=ST_START;
90       break;
91     default:break;
92     }
93     memset(m_KeyFlag,0,sizeof(m_KeyFlag));
94     return nRet;
95   }
```

deal 函数是游戏逻辑更新函数 update 第 21 行的循环调用的实现部分,主要依靠 switch 条件分支语句实现游戏各个状态的转换。4—16 行处理游戏开始情况,该 6 行随机得到下一个方块值,8—12 行初始化 obj—>m_gamepool 主游戏池各单位方块值为 0。14—17 行初始化游戏数据,将游戏状态置为"准备下一个方块" ST_NEXT 状态。

19—32 行执行"准备下一个方块" ST_NEXT 部分代码。此部分功能初始化了游戏方块的各个属性。26 行随机产生一个 1 到 7 间的整数,即选取任意一种游戏控制块的形状。30—31 行调用 isCrash 函数进行碰撞检测,判断游戏是否结束。如果检测到有碰撞,则将状态置为 ST_OVER,游戏结束;否则置为 ST_NORMAL,由玩家控制,继续游戏。33—86 行执行 ST_NORMAL 部分代码,完成玩家控制功能。46—53 行处理左、右方向按键事件,根据按左、右方向键的次数重新定位控制块的位置。m_KeyFlag 数组标记各按键事件的次数,for 循环对控制块的位置进行重新定位,定位后还需在 50—51

行处理有碰撞或无碰撞的情况。59—64 行处理上方向键和小键盘 0 键的按键事件，根据按键次数对控制块进行旋转变形。处理方法和处理左、右方向键事件方法类似，obj→m_ctl_t 表示控制块的第 t 种变形，g_map_mod 数组存放各个控制块对应有多少种变形方式，其数组下标表示第 t 种控制块形状，下标与值一一对应。69—82 行检测是否超时。如果发生碰撞则需处理方块的合并与消行，并重新设置相应的参数，然后将状态设置为 ST_NEXT；否则重新设置控制块的 m_cuitime 参数，继续对其进行控制。

88—90 行执行 ST_OVER 部分代码。游戏结束后，若检测到用户按下 F2 键，则将游戏状态重新设置为 ST_START，表示用户可以重玩游戏。如果检测到其它未定义状态，则直接跳出循环。93 行重置 m_KeyFlag 标识数组为 0 后，返回 nRet 标识。退回到游戏逻辑更新函数 update 第 21 行，继续循环检测。

至此，整个逻辑逻辑更新过程处理结束。

5）碰撞检测函数

```
01  bool isCrash(Game *obj) {
02    for(int y=0;y<4;++y) {
03      for(int x=0;x<4;++x) {
04        if(g_trs_map[obj->m_ctl_s][obj->m_ctl_t][y][x]){
05          if(obj->m_ctl_y+y<0||obj->m_ctl_x+x<0
                 ||obj->m_gamepool[obj->m_ctl_y+y][obj->m_ctl_x+x])
06            return true;
07        }
08      }
09    }
10    return false;
11  }
```

碰撞检测函数 isCrash 对游戏界面边界进行检测，判断游戏方块是否与游戏池边界或已存在的控制块发生碰撞。若发生碰撞返回 true，否则返回 false。

6）图形更新函数

```
01  void render(Game *obj) {
02    int x,y,c,bx,by;
03
04    //画背景框
05    cleardevice();          //清屏
06
07    //地图背景框
08    drawframe( m_base_x+5*m_base_w,m_base_y,obj->m_gamepool_w*m_base_w,obj->m_gamepool_h*m_base_h);
09    //下一方块背景框
10    drawframe(m_base_x,m_base_y,4*m_base_w,4*m_base_h);
```

```
11    //游戏提示背景框
12    drawframe(m_base_x,m_base_y+5*m_base_h,4*m_base_w,4*m_base_h);
13
14    //画主游戏池
15    bx=m_base_x+4*m_base_w;              //控制块在游戏池中的 x 坐标
16    by=m_base_y-1*m_base_h;              //控制块在游戏池中的 y 坐标
17    for(y=obj->m_gamepool_h;y>=1;--y) {
18      for(x=1;x<=obj->m_gamepool_w;++x) {
19        if(c=obj->m_gamepool[y][x])
20          putimage (bx+x*m_base_w,by+y*m_base_h,m_base_w,m_base_h,
                      obj->m_pcb,c*m_base_w,0);
21      }
22    }
23
24    //画控制块
25    if(obj->m_ctl_t>=0) {
26      bx=m_base_x+(obj->m_ctl_x+4)* m_base_w;
27      by=m_base_y+(obj->m_ctl_y-1)* m_base_h;
28      draw44(obj,bx,by,g_trs_map[obj->m_ctl_s][obj->m_ctl_t],obj
                ->m_ctl_dx,obj->m_ctl_dy);
29    }
30
31    //画下一方块
32    bx=m_base_x;by=m_base_y;
33    draw44(obj,bx,by,g_trs_map[obj->m_next_s][0]);
34
35    setcolor(0xFFFFFF);                 //将绘图前景色设置为黑色。
36    if(m_state==ST_OVER) {                        //结束提示文字显示
37      outtextxy(m_base_x+5*m_base_w,m_base_y,"请按 F2 重玩");
38    }
39
40    //游戏操作提示
41    outtextxy(m_base_x+3,m_base_y+5*m_base_h+3,"游戏操作说明");
42    outtextxy(m_base_x+3,m_base_y+5*m_base_h+23,"1:按"←"左移");
43    outtextxy(m_base_x+3,m_base_y+5*m_base_h+43,"2:按"→"右移");
44    outtextxy(m_base_x+3,m_base_y+5*m_base_h+63,"3:按"↑"变形");
45    outtextxy(m_base_x+3,m_base_y+5*m_base_h+83,"4:按"↓"快落");
46  }
```

图形更新函数 render 负责对整个游戏的界面进行布局与绘制，同时还负责刷新屏幕控制块。8－12 行调用 drawframe 函数绘制游戏需要的背景框，包括游戏池背景框、提示下一方块背景框、游戏提示位置背景框等。15－22 行绘制主游戏池。从游戏池的底部向上绘制方块。整个游戏池的方块存放在 obj→m_gamepool 数组中，循环遍历该游戏池数组，将其中存放的方块用 putimage 函数绘制在屏幕上。putimage 函数为 EGE 图形库中的重载函数。

25－29 行绘制控制块。26－27 行计算控制块在游戏池中的 x 和 y 坐标。28 行调用 draw44 函数绘制控制块。32－33 行调用 draw44 函数绘制下一方块。36－45 行显示游戏提示。若游戏状态为 ST_OVER，则显示相应的游戏提示文字。在游戏提示框中显示游戏的按键操作说明。EGE 图形库中的 outtextxy 函数用于在指定位置输出字符串。

7)图形绘制函数集

```
01   //图形边框绘制函数
02   void drawframe(int x,int y,int w,int h,int d ) {
03     setfillcolor(0x010101);//设置背景框的填充色
04     bar(x,y,x+w--,y+h--);
05     drawedge(x,y,w,h);
06   }
07
08   //方块绘制函数
09   void drawtile(int x,int y,int w,int h,int color) {
10     w--,h--; //不能取到边界值
11     setfillcolor(color); //设置方块的填充色
12     bar(x+1,y+1,x+w,y+h);
13     drawedge(x,y,w,h);
14   }
15
16   //在图像外面绘制一圈边框,起美化作用
17   void drawedge(int x,int y,int w,int h) {
18     line(x,y+h,x,y);
19     lineto(x+w,y);
20     lineto(x+w,y+h);
21     lineto(x,y+h);
22   }
23
24   //控制块绘制函数
25   void draw44(Game *obj,int bx,int by,int mat[4][4],float dx,float
                dy) {
26     for(int y=3;y>=0;--y) {
```

```
27      for(int x=0,c;x<4;++x) {
28        if(c=mat[y][x]) {
29          drawtile (int(bx+(x+dx) *m_base_w+1000.5)-1000,int(by+(y
                  -dy) *m_base_h+1000.5)-1000,
30            m_base_w,m_base_h,obj->m_colormap[c]);
31        }
32      }
33    }
34  }
```

图形绘制函数集包括四个图形绘制函数，分别为：图形边框绘制函数、方块绘制函数、方块四周绘制边框函数和控制块绘制函数。2—6 行为图形边框绘制函数 drawframe，3 行设置图形背景填充色，4 行 bar 函数用于绘制无边框填充矩形。其中的填充颜色由 setfillstyle 函数设定。5 行调用 drawedge 函数绘制方块矩形框的边框。9—14 行为方块绘制函数 drawtile，处理方法类似 drawframe 函数，不再赘述。17—22 行利用 drawedge 在方块四周绘制一圈边框，起到美化方块的作用。25—35 行利用函数 draw44 用于绘制方块，包括绘制控制块和下一方块。形参 mat 数组接收传入的 4 * 4 方块。形参 dx，dy 用于平滑处理方块在 x 和 y 方向的移动。29 行调用 drawtile()函数绘制具体的方块。

至此，整个游戏图形更新过程处理结束。

8)合并处理函数

```
01  void merge(Game *obj) {
02    int x,y,cy= obj->m_gamepool_h;
03
04    for(y=0;y<4;++y) {
05      for(x=0;x<4;++x)
06        if(g_trs_map[obj->m_ctl_s][obj->m_ctl_t][y][x]){
07          obj->m_gamepool[obj->m_ctl_y+y][obj->m_ctl_x+x]=g_trs_
            map[obj->m_ctl_s][obj->m_ctl_t][y][x];
08        }
09    }
10
11    //消行计算
12    for(y=obj->m_gamepool_h;y>=1;--y) {      //从底行往上遍历消行
13      for(x=1;x<=obj->m_gamepool_w;++x) {
14        if(obj->m_gamepool[y][x]==0) break;
15      }
16      if(x<=obj->m_gamepool_w) {
17        if(cy!=y) {
18          for(x=1;x<=obj->m_gamepool_w;++x)
```

```
19              //将可消行的上一行覆盖可消行
20              obj->m_gamepool[cy][x]=obj->m_gamepool[y][x];
21          }
22      --cy;
23      }
24  }
25
26  //处理可消行上无行的情况,即可消行是当前的最顶行
27  for (y=cy;y>=1;--y) {
28    for (x=1;x<=obj->m_gamepool_w;++x)
29      obj->m_gamepool[y][x]=0;
30    }
31  }
```

合并消行处理函数 merge 负责处理游戏中方块的合并和满一行进行消行处理的工作。2—9 行处理游戏池中单位方块的合并，循环遍历某一控制块，并将该控制块的点阵布局复制到游戏池 obj→m_gamepool 中保存。12—24 行为游戏池中方块的消行处理。从游戏池的底行向上遍历，若发现某一行方块填满游戏池宽度，即可消行。20 行将可消行的上一行逐一向游戏池下方覆盖。27—30 行处理可消行为最顶行的特殊情况，直接将其设置为 0，在游戏池中消除此行。

9.2.6　项目扩展

(1)为该游戏添加计分模块，一次可消的行数分为 1、2、3、4 行，自定义积分机制，每次消行时刷新屏幕的显示分数，并在一次窗口行为中保留游戏的最高分。

(2)自定义游戏阶级，在一次游戏中，根据玩家这次游戏的分数，自动加快方块的下降速度，增加游戏的难度。

9.3　拓展项目

(1)设计"搬运工"游戏。在游戏地图中，有通道和墙。要求将木箱从起始位置推到指定的目的位置。游戏循环接受用户方向按键，并判断前进方向前一格的状态。如果是通道或目的地，则箱子可以推动；如果是墙壁，则不可移动。

(2)设计"五子棋"游戏。游戏采用"黑先白后"规则，然后黑白双方依次落子，在棋盘上横向、竖向及斜向等 8 个方向形成相同颜色的连续五个棋子称为"五连"。对局双方首先形成五连者为胜。

(3)设计"打砖块"游戏。通过挡板把小球挡回，不让小球落地，直到打光所有砖块为止。要求砖块组成的图案在每一关都改变，并且随着过关等级越高，小球的速度也越快。

(4)迷宫游戏。要求用 n 阶方阵表示迷宫。迷宫地图中 1 表示此位置可以通过，0 表

示障碍，不能通过。假设老鼠从迷宫左上角进入迷宫，需要在迷宫中找寻一条道路，使得老鼠能从迷宫右下角出去。

(5)Flappy Bird 游戏。设计一个 Flappy Bird 游戏，通过上下方向键控制小鸟上下移动躲过烟囱柱子。如果小鸟撞到柱子，则游戏重新开始。

附录一　ASCII 码表

非打印控制字符				打印字符									
码值	代码	码值	代码	码值	字符	码值	字符	码值	字符	码值	字符	码值	字符
0	NUL	16	DLE	32	(space)	48	0	64	@	80	P	96	`	112	p
1	SOH	17	DC1	33	!	49	1	65	A	81	Q	97	a	113	q
2	STX	18	DC2	34	"	50	2	66	B	82	R	98	b	114	r
3	ETX	19	DC3	35	♯	51	3	67	C	83	S	99	c	115	s
4	EOT	20	DC4	36	$	52	4	68	D	84	T	100	d	116	t
5	ENQ	21	NAK	37	%	53	5	69	E	85	U	101	e	117	u
6	ACK	22	SYN	38	&	54	6	70	F	86	V	102	f	118	v
7	BEL	23	ETB	39	'	55	7	71	G	87	W	103	g	119	w
8	BS	24	CAN	40	(	56	8	72	H	88	X	104	h	120	x
9	HT	25	EM	41	)	57	9	73	I	89	Y	105	i	121	y
10	LF	26	SUB	42	*	58	:	74	J	90	Z	106	g	122	z
11	VT	27	ESC	43			59	;	75	K	91	[	107	k	123	{
12	FF	28	FS	44	,	60	<	76	L	92	\	108	l	124		
13	CR	29	GS	45	—	61	=	77	M	93	]	109	m	125	}
14	SO	30	RS	46	.	62	>	78	N	94	^	110	n	126	~
15	SI	31	US	47	/	63	?	79	O	95	_	111	o	127	DEL

注：表中 ASCII 码值为十进制。

代码	含义	代码	含义	代码	含义	代码	含义	代码	含义
NUL	空	BS	退格	DLE	数链换码	CAN	取消		
SOH	头标开始	HT	水平制表符	DC1	设备控制1	EM	媒体结束		
STX	正文开始	LF	换行/新行	DC2	设备控制2	SUB	替换		
ETX	正文结束	VT	垂直制表符	DC3	设备控制3	ESC	换码		
EOT	传输结束	FF	换页/新页	DC4	设备控制4	FS	文字分隔符		
ENQ	查询	CR	回车	NAK	否定	GS	组分隔符		
ACK	确认	SO	移出	SYN	同步空闲	RS	记录分隔符		
BEL	振铃	SI	移入	ETB	传输块结束	US	单元分隔符		

注：非打印控制字符含义。

附录二　C 语言常用库函数

标准 C 提供了数百个库函数，本附录仅列出本书所需的基本和常用的库函数，更多库函数请读者查阅有关文档和手册。

一、数学函数库

使用前在源文件中包含：#include 〈math.h〉。

函数形式	功能	返回值
int abs(int i)	求整数的绝对值	返回一个整数的绝对值
double fabs(double x)	返回浮点数的绝对值	返回双精度实数的绝对值
longlabs(long n)	取长整型绝对值	返回长整型整数的绝对值
double floor(double x)	不大于某数的最大整数函数	返回一个不大于给定值 x 的最大整数
double ceil(double x)	不小于某数的最小整数函数	返回一个不小于给定值 x 的最小整数
double fmod(double x，double y)	计算 x/y 的余数	返回 x 除以 y 后的余数
double sin(double x)	正弦函数	返回给定值 x 的正弦值
double asin(double x)	反正弦函数	返回给定值 x 的反正弦值
double sinh(double x)	双曲正弦函数	返回给定值 x 的双曲正弦值
double cos(double x)	余弦函数	返回给定值 x 的余弦值
double acos(double x)	反余弦函数	返回给定值 x 的反余弦值
double cosh(double x)	双曲余弦函数	返回给定值 x 的双曲余弦值
double tan(double x)	正切函数	返回给定值 x 的正切值
double atan(double x)	反正切函数	返回给定值 x 的反正切值
double tanh(double x)	双曲正切函数	返回给定值 x 的双曲正切值
double exp(double x)	e 的指数函数	返回 e 的 x 次幂值
double log(double x)	取给定值的自然对数值	返回给定值 x 的自然对数值
double log10(double x)	取指定值以 10 为基数的对数函数	返回给定值的以 10 为基数的对数
double modf(double value，double * iptr)	去给定浮点数 value 的小数部分，iptr 为取小数后的整数值	函数将 value 分割为整数和小数，返回小数部分并将整数部分赋给 iptr
double pow(double x，double y)	指数函数，计算 x 的 y 次幂	返回 x 的 y 次幂
double sqrt(double x)	平方根函数	返回给定值 x 的平方根值

二、字符串函数库

使用前在源文件中包含：♯include 〈string.·h〉。

函数形式	功能	返回类型
char * strcat(char * s1, const char * s2)	把字符串 s2 接到 s1 后面	返回 s1 指针
char * strncat (char * s1, const char * s2, int n)	把 s2 所指字符串的前 n 个字符添加到 s1 后面	返回 s1 指针
char * strchr (const char * str, char ch)	在 str 字符串中，查找字符 ch 首次出现的位置	返回字符首次出现的位置，找不到返回—1
int strcmp(const char * s1, const char * s2)	字符串比较函数，比较 s1 和 s2 所指字符串	如果 s1<s2，返回—1；如果 s1==s2，返回 0；如果 s1>s2，返回 1
int stricmp(const char * s1, const char * s2)	不区分大小写的字符串比较函数，比较 s1 和 s2 所指字符串	如果 s1<s2，返回—1；如果 s1==s2，返回 0；如果 s1>s2，返回 1
char * stpcpy (char * s1, const char * s2)	把 s2 指向的字符串复制到 s1 指向的存储区	返回 s1 指针
char * strdup(const char * str)	复制字符串 str	返回字符串 str 的一个副本
int strlen(const char * str)	计算字符串 str 的长度	返回给定串 str 的长度
char * strlwr(char * str)	将字符串 str 中的大写字母转换成小写形式	返回转换成小写形式的字符串
char * strupr(char * str)	将字符串 str 中的小写字母转换成大写形式	返回转换成大写形式的字符串
char * strrev(char * str)	将字符串 str 中的字符逆序重排	返回逆序重排后的字符串指针
char * strset(char * str, char ch)	将字符串 str 中的所有字符都设置为字符 ch	返回指向设置后的字符串指针
int strspn(const char * s1, const char * s2)	扫描字符串 s1，并返回在 s1 和 s2 中均有的字符个数	返回字符串 s1 开头连续包含字符串 s2 内的字符数目
char * strstr (const char * s1, const char * s2)	在字符串 s1 中，找出字符串 s2 首次出现的位置	返回指向第一次出现 s2 位置的指针。如找不到，返回 NULL
char * strtok (char * s1, const char * s2)	用字符串 s2 中的字符作为分隔符分解字符串 s1	在 s1 中查找包含在 s2 中的字符并用 '＼0' 代替，知道找遍整个 s1，返回指向下一个标记串；当没有标记串时，返回空字符 NULL

三、字符函数库

使用前在源文件中包含：#include 〈ctype.h〉。

函数形式	功能	返回类型
int isalpha(int ch)	判断字符 ch 是否为英文字母	若 ch 是字母(A－Z, a－z)返回非零值，否则返回 0
int isalnum(int ch)	判断字符 ch 是否为字母或数字	若 ch 是字母(A－Z, a－z)或数字(0－9)返回非零值，否则返回 0
int isascii(int ch)	判断字符 ch 是否为 ASCII 码	若 ch 为 ASCII 码(0－127)，返回非零值，否则返回 0
int iscntrl(int ch)	判断字符 ch 是否为控制字符，即十进制 ASCII 值为 0～31 的字符	若 ch 的十六进制 ASCII 值是 DEL 字符(0x7F)或普通控制字符(0x00－0x1F)，返回非零值，否则返回 0
int isdigit(int ch)	判断字符 ch 是否为十进制数字	若 ch 是数字(0－9)返回非零值，否则返回 0
int isgraph(int ch)	判断字符 ch 是否为除空格外的可打印字符	若 ch 为可打印字符(0x21－0x7E)，返回非零值，否则返回 0
int islower(int ch)	判断字符 ch 是否为小写英文字母	若 ch 是小写字母(a－z)，返回非零值，否则返回 0
int isprint(int ch)	判断字符 ch 是否为可打印字符(含空格)	若 ch 为可打印字符(含空格)(0x20－0x7E)，返回非零值，否则返回 0
int ispunct(int ch)	判断字符 ch 是否为标点符号	若 ch 是标点字符(0x00－0x1F)，返回非零值，否则返回 0
int isspace(int ch)	判断字符 ch 是否为空白符	若 ch 是空白符，返回非零值，否则返回 0。空白符值空格(″)，水平制表符(‘\ t’)，回车符(‘\ r’)，换页符(‘\ f’)，垂直制表符(‘\ v’)，换行符(‘\ n’)
int isupper(int ch)	判断字符 ch 是否为大写英文字母	若 ch 是大写字母(A－Z)，返回非零值，否则返回 0
int isxdigit(int ch)	判断字符 ch 是否为十六进制数字	若 ch 是 16 进制数字(0－9，A－F，a－f)，返回非零值，否则返回 0
int tolower(int ch)	将字符 ch 转换为小写英文字母	若 ch 是大写字母(A－Z)，返回相应的小写字母，否则返回原来的值
int toupper(int ch)	将字符 ch 转换为大写英文字母	若 ch 是小写字母(a－z)，返回相应的大写字母，否则返回原来的值

四、输入输出函数库

使用前在源文件中包含：♯include 〈stdio. h〉。

函数形式	功能	返回值
int getch()	读取从控制台输入的字符，不回显屏幕	返回读取字符，不回显
int getche()	读取从控制台输入的字符，回显屏幕	返回读取字符，回显
int putch(char ch)	向屏幕输出字符 ch，然后光标自动右移一个字符位置	如果输出成功，函数返回该字符；否则返回 EOF
int getchar()	从标准输入控制台 stdin 读取字符	返回所读字符，若出错或文件结束返回 EOF
int putchar(int ch)	把 ch 输出到标准输出控制台 stdout	返回输出的字符，若出错则返回 EOF
int getc(FILE * fp)	从 fp 所指文件中读取一个字符	返回所读字符，若出错或文件结束返回 EOF
int putc(int ch，FILE * fp)	向 fp 指向文件写入一个字符 ch	成功写入返回 1；否则返回 0
int getw(FILE * fp)	从 fp 指向文件中读取整数	返回读取的整数，错误返回 EOF
int putw(int w，FILE * fp)	向 fp 所指向的文件写入一个字符或字	成功返回 1，错误返回 0
int puts(char * str)	把 str 所指字符串输出到标准输出控制台	成功返回非零值，出错返回 0
char * gets(char * str)	从标准输入设备读取字符，并放入 str 所指存储区。	返回暂存存储区首址 str，出错返回 NULL
int fclose(FILE * fp)	关闭 fp 所指的文件，释放文件缓冲区	关闭成功返回非 0，错误返回 0
int fgetc(FILE * fp)	从 fp 所指的文件中读取字符	返回所读字符的 ASCII 码值
int fgetchar()	从流中读取字符	返回读取的字符
int fputc(int ch，FILE * fp)	把字符 ch 输出到 fp 指定的文件中	成功返回非零值，错误返回 0
int fputchar(char ch)	将字符 ch 输出到标准输入流	成功返回非零值，错误返回 0
char * fgets (char * buf，int n，FILE * fp)	从 fp 所指的文件中读取 n 个字符，存入 buf 字符串存储区	返回 buf 字符串首地址，若遇文件结束或出错返回 NULL
FILE * fopen (char * filename，char * type)	以 type 方式打开文件 filename	如果成功，返回文件指针，否则返回 NULL
int fputs(char * str，FILE * fp)	把 str 所指字符串输出到 fp 所指文件	成功返回非零值，错误返回 0
int fread(char * ptr，int size，int nitems，FILE * fp)	在 fp 所指文件中，从 nitems 位置开始读，读取长度为 size 的字符串，存到 ptr 所指存储区	读取成功，返回非零值，错误返回 0
int fwrite(void * ptr，int size，int nitems，FILE * fp)	把 ptr 所指向的内容，从 nitems 位置开始写，写 size 个字符到 fp 所指文件中	写入成功，返回非零值，错误返回 0
int fseek (FILE * fp，long offer，int base)	重定位 fp 所指文件上的文件指针。offset 为重定位的偏移量，base 为重定位的位置	成功返回非零值，错误返回 0

int fflush(FILE * fp)	清除 fp 所指文件流	清除文件流成功返回非零值，错误返回 0
long ftell(FILE * fp)	求 fp 所指文件当前的读写位置	返回当前文件指针位置
int fscanf(FILE * fp, char * format[, args, …])	从 fp 所指的文件中按 format 指定的格式把输入数据存入到 args 所指的内存中	输入成功返回非零值，错误返回 0
int fprintf(FILE * fp, char * format[, args, …])	把 args, …的值以 format 指定的格式输出到 fp 指定的文件中	输入成功返回非零值，错误返回 0
int feof(FILE * fp)	检查 fp 所指文件的文件结束符	检测成功返回非零值，错误返回 0
clearer(FILE * fp)	清除与文件指针 fp 有关的所有出错信息	void
int rename (char * old, char * new)	把 old 所指文件名改为 new 所指文件名	成功返回 0，出错返回 1
int rewind(FILE * fp)	将文件指针重新指向文件开头位置	成功返回非零值，错误返回 0
int sscanf (char * str, char * format[, args…])	执行字符串中的格式化输入，str 为保存所输入的字符串，format 为输入的格式	成功返回非零值，错误返回 0
int scanf (char * format [, args …])	按 format 指定的格式把输入数据存入到 args 所指的内存中	输入成功返回非零值，错误返回 0
int sprintf (char * str, char * format[, args, …])	将格式化输出到字符串中，str 为要输出的字符串，format 为输出格式	格式化输出成功返回非零值，错误返回 0
int printf (char * format [, args, …])	把 args 的值以 format 指定的格式输出	输入成功返回 true，错误返回 0

五、系统库函数库
　　使用前在源文件中包含：♯include 〈system. h〉。

函数形式	功能	返回值
void clrscr()	清除屏幕内容	无
void TextOut(int x, int y, char * str, int mode)	在屏幕指定位置(x, y)以 mode 输出模式输出字符串 str	无
void bell()	响铃函数	无
void block (int left, int top, int right, int bottom, int mode)	在屏幕上画一矩形，并填充	无
void cursor(int mode)	以 mode 模式设定光标形态	无
void delay(unsigned millis)	短暂延时，millis 为延时时间	无
int getkey()	获取自键盘输入的字符	返回输入字符的 ASCII 码

六、标准库函数库

使用前在源文件中包含：＃include 〈stdlib. h〉。

函数形式	功能	返回值
void * malloc(unsigned size)	动态分配 size 个字节的存储空间	返回分配的内存空间的首地址，如分配失败，返回 NULL
void * realloc（void * p，unsigned size）	重新申请内存空间，把 p 所指内存区的大小更改为 size 个字节	返回新分配内存空间的地址，如分配失败，返回 NULL
void free(void * ptr)	释放已经分配的内存块 ptr	无
void rand()	生成随机数	无
int random(int num)	按给定的最大值 num 生成随机数	生成并返回一个不大于指定数 num 的随机数
void srand(unsigned seed)	初始化随机数发生器，seed 用于设置随机数种子	无
void exit(int status)	用于终止程序的执行，status 为终止状态	无
int atoi(const char * ptr)	将字符串转换为整数	返回转换后的整数
char * itoa（int value，char * str，int radix）	将整数 value 转换为字符串 str，radix 为整数的进制	返回指向转换后的字符串的指针

七、内存相关函数库

使用前在源文件中包含：＃include 〈mem. h〉。

函数形式	功能	返回值
void * memcpy（void * dest，void * source，unsigned n）	从源内存区域 source 中复制 n 个字节到目标内存区域 dest	返回指向目标内存区域的指针
void * memchr（void * buf，char ch，unsigned count）	从 buf 所指内存区域的前 count 个字节中查找字符 ch	如果成功，返回指向字符 ch 的指针，否则返回 NULL
int memcmp(void * buf1，void * buf2，unsigned int count)	用于比较内存区域 buf1 和 buf2 的前 count 个字节	buf1＜buf2，返回负数；buf1 ＝＝ buf2，返回 0；buf1＞buf2，返回正数
void * memmove（void * dest，const void * src，unsigned int count）	从源内存区域 src 移动 count 个字节到目标内存区域 dest	返回指向 dest 的指针
void * memset（void * buf，int c，int count）	把 buf 所指内存区域的前 count 个字节设置成字符 c	返回指向 buf 的指针

附录三　C 语言图形处理

在程序设计中，常常需要进行图形处理等操作。同前面各章的程序设计使用库函数一样，利用 C 语言进行图形处理同样需要使用针对图形处理操作的图形函数库。常用的处理是，在 Turbo C(TC)环境下使用 graphics. h 库函数，在 VC 环境下利用 windows. h 库函数。但这两种常用的库函数存在一些问题：

(1)graphics. h 在 Turbo C 环境下才支持。但是 Turbo C 作为开发 C 程序的环境已显过时，操作系统对其 DOS 环境的支持也很有限，DOS 下可用图形颜色数少。

(2)VC 的编辑和调试环境都很优秀，可惜初学者在 VC 下一般只会做一些文字性的练习。如果想画直线或圆等图形处理，需要注册窗口类、建消息循环等等，初学者在基础不足的情况下学习 Windows 编程信心会受到严重打击，甚至有初学者以为 C 只能在"黑框"下使用。

OpenGL 是一个开放的三维图形软件包，它独立于窗口系统和操作系统，以它为基础开发的应用程序可以十分方便地在各种平台间移植；OpenGL 可以与 VC 紧密接口，便于实现有关图形算法，可保证算法的正确性和可靠性。

虽然众多图形处理软件公司都提供有各种图形函数库，但是 Windows 图形处理较为复杂，OpenGL 的门槛也高。综合考虑后，本书将采用适合初学者的 EGE 图形库，利用它将方便在 VC 环境中处理和生成图形，制作动画和游戏。

一、EGE 图形库简介

EGE(Easy Graphics Engine)，是 Windows 下免费开源，类似 BGI(graphics. h)的面向 C/C++语言的图形库，它的目标也是为了替代 TC 的 BGI 库。

它的使用方法与 TC 中的 graphics. h 相当接近，对初学者来说，简单、友好、容易上手、免费开源，而且因为接口意义直观，即使是之前完全没有接触过图形编程的，也能迅速学会基本的绘图。

EGE 图 形 库 完 美 支 持 VC6，VC2008，VC2010，C － Free，DevCpp，Code：：Blocks，wxDev，Eclipse for C/C++等 IDE，即支持使用 MinGW 为编译环境的 IDE。如果需要在 VC 下使用 graphics. h，那么 EGE 将是很好的替代品。

目前 EGE 项目之下，还有另一个项目 Xege，x 代表 x－window，意为跨越支持 x－window 的平台(主要为 Linux 系统)。Xege 将发展为一个强大的、开源的、跨平台的同时也同样简单易上手的图形库。目前 Xege 在开发中。

二、EGE 安装

1. 复制文件

首先把 include 目录下和 lib 目录下所有文件，分别复制到编译器的安装目录下 include 目录内和 lib 目录内，具体如下：

（1）对 VC6，分别为：

"C：\ Program Files \ Microsoft Visual Studio \ VC98 \ Include"

"C：\ Program Files \ Microsoft Visual Studio \ VC98 \ Lib"

（2）对 VS2010，分别是：

"C：\ Program Files \ Microsoft Visual Studio 10. 0 \ VC \ include"

"C：\ Program Files \ Microsoft Visual Studio 10. 0 \ VC \ lib"

复制这些文件后即完成安装。

2. 测试

（1）建立一个工程，以下是 VC6 的操作步骤（VS2008/VS2010/VS2012 类似）：

打开 VC6 后，新建一个 Win32 Console 工程（菜单—＞文件—＞新建），如下图：

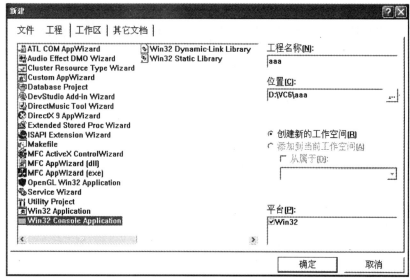

右上角填写工程名，然后在其下方选择要建立的工程目录，点确定后，在弹出的对话框里选择"一个空工程"，然后直接点完成。

（2）新建一个 C＋＋Source File，见下图：

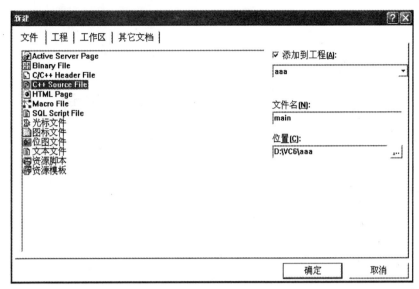

填写文件名确定后，就可以开始编写代码了。

(3)请编写如下测试代码，检测设置是否正确：

```c
#include<graphics.h>//引用图形库
int main()
{
    initgraph(640，480)；//初始化，显示一个窗口
    setcolor(GREEN)；//设置绘图前景色为绿色
    line(100，100，500，200)；//画直线
    getch()；//暂停一下等待用户按键
    closegraph()；//关闭图形界面
    return 0；
}
```

附录四 EGE 图形库常用函数

本附录仅列出本书所需的 EGE 图形库中的基本库函数，更多库函数请读者查阅有关 EGE 文档和手册。

一、绘图环境相关函数

1. cleardevice

功能：用于清除画面内容。用当前背景色清空画面。

声明：

void cleardevice(PIMAGE pimg＝NULL)；

参数：

pimg：指定要清除的 PIMAGE，可选参数。

如果不填本参数，则清除屏幕。

返回值：（无）

2. setrendermode

功能：用于设置更新窗口的模式。模式有两种，自动更新和手动更新。

声明：

void setrendermode(rendermode＿e mode)；

参数：

mode 值：

(1)RENDER＿AUTO：自动模式(默认值)，用于简单绘图。

(2)RENDER＿MANUAL：手动模式用于制作动画或者游戏。此模式需要调用 delay＿fps/delay＿ms 等带有等待特性的函数才会更新窗口，能够使绘制图形的相关函数的执行速度得到提升。

返回值：（无）

3. is＿run

功能：用于判断窗口是否还存在。

声明：int is＿run()；

参数：（无）

返回值：

0 表示窗口被关闭了

1 表示窗口没有被关闭，程序还在运行

4. initgraph

功能：用于初始化绘图环境，窗口尺寸为 Width * Height

声明：

void initgraph(int Width，int Height，int Flag＝INIT ＿ DEFAULT)；

参数：

Width：绘图环境的宽度。如果为－1，则使用屏幕的宽度。

Height：绘图环境的高度。如果为－1，则使用屏幕的高度。

返回值：（无）

二、绘制图形相关函数

1. bar

功能：用于画无边框填充矩形。其中，填充颜色由 setfillstyle 函数决定。

声明：

void bar(

int left，//矩形左部 x 坐标

int top，//矩形上部 y 坐标

int right，//矩形右部 x 坐标(该点取不到，实际右边界为 right－1)

int bottom，//矩形下部 y 坐标(该点取不到，实际下边界为 bottom－1)

PIMAGE pimg＝NULL

)；

参数：（详见形参注释）

返回值：（无）

2. setfillcolor

功能：用于设置当前填充颜色。

声明：

void setfillcolor(

COLORREF color，//填充颜色

PIMAGE pimg＝NULL

)；

参数：（详见形参注释）

返回值：（无）

3. line

功能：用于画直线。

声明：

void line(

int x1，//直线起点 x 坐标

int y1，//直线起点 y 坐标

int x2，//直线终点 x 坐标(不包括该点本身)

int y2，//直线终点 y 坐标(不包括该点本身)

PIMAGE pimg＝NULL

)；

参数：（详见形参注释）

返回值：（无）

4. lineto

功能：用于画线。

声明：

void lineto(

int x, //从"当前点"开始画线，终点横坐标为 x（不包括终点本身）

int y, //从"当前点"开始画线，终点纵坐标为 y（不包括终点本身）

PIMAGE pimg＝NULL

）；

参数：（详见形参注释）

返回值：（无）

三、时间函数

1. delay _ fps

功能：延迟以 FPS 为准的时间，以实现稳定帧率。

声明：

void delay _ fps(long fps)；

void delay _ fps(double fps)；

参数：

fps：要得到的帧率，平均延迟 1000/fps 毫秒，并更新 FPS 计数值。函数一秒最多能调用 fps 次。

返回值：（无）

四、图像处理相关函数

1. PIMAGE 对象

功能：保存图像的对象。

例如：创建一个名为 pimg 的 PIMAGE 对象，尺寸为 100 * 50：

PIMAGE pimg＝newimage(100, 50)；

注意，不需要时要 delimage(pimg)；来释放掉。

2. getimage

功能：用于从屏幕获取图像。

声明：

void getimage(

PIMAGE pDstImg, //保存图像的 IMAGE 对象指针

int srcX, //要获取图像的区域左上角 x 坐标

int srcY, //要获取图像的区域左上角 y 坐标

int srcWidth, //要获取图像的区域宽度

int srcHeight //要获取图像的区域高度

）；

参数：（详见形参注释）

返回值：（无）

3. putimage

功能：用于在屏幕或另一个图像上绘制指定图像。

声明：

//绘制图像到屏幕（指定宽高）

void putimage(

int dstX, //绘制位置的 x 坐标

int dstY, //绘制位置的 y 坐标

int dstWidth, //绘制的宽度

int dstHeight, //绘制的高度

PIMAGE pSrcImg, //要绘制的 IMAGE 对象指针

int srcX, //绘制内容在 IMAGE 对象中的左上角 x 坐标

int srcY, //绘制内容在 IMAGE 对象中的左上角 y 坐标

DWORD dwRop＝SRCCOPY//三元光栅操作码（详见备注）

);

参数：（详见形参注释）

备注：

三元光栅操作码（即位操作模式），支持全部的 256 种三元光栅操作码，常用的几种操作码如下：

值	含义
DSTINVERT	绘制出的像素颜色＝NOT 屏幕颜色
MERGECOPY	绘制出的像素颜色＝图像颜色 AND 当前填充颜色
MERGEPAINT	绘制出的像素颜色＝屏幕颜色 OR（NOT 图像颜色）
NOTSRCCOPY	绘制出的像素颜色＝NOT 图像颜色
NOTSRCERASE	绘制出的像素颜色＝NOT（屏幕颜色 OR 图像颜色）
PATCOPY	绘制出的像素颜色＝当前填充颜色
PATINVERT	绘制出的像素颜色＝屏幕颜色 XOR 当前填充颜色
PATPAINT	绘制出的像素颜色＝屏幕颜色 OR（（NOT 图像颜色）OR 当前填充颜色）
SRCAND	绘制出的像素颜色＝屏幕颜色 AND 图像颜色
SRCCOPY	绘制出的像素颜色＝图像颜色
SRCERASE	绘制出的像素颜色＝（NOT 屏幕颜色）AND 图像颜色
SRCINVERT	绘制出的像素颜色＝屏幕颜色 XOR 图像颜色
SRCPAINT	绘制出的像素颜色＝屏幕颜色 OR 图像颜色

注：1. AND/OR/NOT/XOR 为布尔位运算。2. "屏幕颜色"指绘制所经过的屏幕像素点的颜色。3. "图像颜色"是指通过 IMAGE 对象中的图像的颜色。4. "当前填充颜色"是指通过 setfillstyle 设置的用于当前填充的颜色。

返回值：（无）

五、随机函数

1. randomize

功能：用于初始化随机数序列。如果不调用本函数，random 返回的序列将确定不变。

声明：void randomize()；

参数：（无）

返回值：（无）

2. random

功能：用于生成某范围内的随机整数。

声明：

unsigned int random(unsigned int n＝0)；

参数：n

(1)生成 0 至 n−1 之间的整数。

(2)如果 n 为 0，则返回 0−0xFFFFFFFF 的整数。

返回值：返回一个随机整数。

其他说明：

不要使用 stdlib 里的 rand 函数，须用本函数。本函数使用专业的随机数生成算法，随机性远超系统的 rand 函数。

另外千万不要以 random()％n 的方式取获得一个范围内的随机数，请使用 random(n)。本随机序列的初始化只能调用 randomize 函数，不能使用 srand。

六、文字输出相关函数

1. setfont

功能：用于设置当前字体样式。

声明：

void setfont(

int nHeight, //指定高度（逻辑单位）。如果为正，表示指定的高度包括字体的默认行距；如果为负，表示指定的高度只是字符的高度。

int nWidth, //字符的平均宽度（逻辑单位）。如果为 0，则比例自适应。

LPCSTR lpszFace, //字体名称。常用有：宋体，楷体 _ GB2312，隶书，黑体，幼圆，新宋体，仿宋 _ GB2312，Fixedsys，Arial，Times New Roman

PIMAGE pimg＝NULL

)；

参数：（详见形参注释）

返回值：（无）

2. outtextxy

功能：用于在指定位置输出字符串。

声明：

void outtextxy(

int x, //字符串输出时头字母的 x 轴的坐标值

int y, //字符串输出时头字母的 y 轴的坐标值

LPCSTR textstring，//要输出的字符串的指针

PIMAGE pimg＝NULL

）；

参数：（详见形参注释）

返回值：（无）

七、键盘鼠标输入函数

1. key＿msg 结构体

功能：用于保存键盘消息

声明：

typedef struct key＿msg ｛

UINT msg；

UINT key；

UINT flags；

｝ key＿msg；

成员：

（1）msg：指定鼠标消息类型，可为以下值：

值	含义
key＿msg＿down	键盘按下消息
key＿msg＿up	键盘弹起消息
key＿msg＿char	键盘字符输入消息

（2）key：如果是按下和弹起的消息，则表示按键虚拟键码，否则为 GBK 编码字符消息。

（3）flags：按键参数，可能为以下值的组合：

值	含义
key＿flag＿shift	同时按下了 shift
key＿flag＿ctrl	同时按下了 control

2. kbmsg

功能：用于检测当前是否有键盘消息，一般与 getkey 搭配使用。

声明：int kbmsg()；

参数：（无）

返回值：如果存在键盘消息，返回 1；否则返回 0。

3. getkey

功能：用于获取键盘消息，如果当前没有消息，则等待。

声明：key＿msg getkey()；

参数：（无）

返回值：返回 key＿msg 结构体。

八、颜色表示及相关函数

1. setcolor

功能：用于设置绘图前景色。

声明：

void setcolor(

color_t color; //要设置的前景颜色

PIMAGE pimg=NULL

);

参数：（详见形参注释）

返回值：（无）

参 考 文 献

［1］美国信息交换标准代码-ASCII 编码．百度百科．http：//baike. baidu. com/view/492542. htm．

［2］陈超．C 语言常用函数速查手册．北京：化学工业出版社，2010．

［3］Misakamm. EGE(Easy Graphics Engine)．http：//misakamm. github. io/xege/．

［4］EGE 图形库下载网址．https：//sourceforge .NET/projects/tcgraphics/files/．

［5］候小毛，马凌．C 语言项目实训教程．北京：人民邮电出版社，2012．

［6］刘高军 何丽．C 程序设计竞赛实训教程．北京：机械工程出版社，2012．

［7］张志强，叶安胜．新编 C 语言程序设计基础教程．北京：科学出版社，2012．

［8］叶安胜，张志强．新编 C 语言程序设计基础同步教程．北京：科学出版社，2012．

［9］C 语言中文网．http：//see. xidian. edu. cn/cpp/．

［10］TIOBE Index for 2014．http：//www. tiobe. com/index. php/content/paperinfo/tpci/index. html．

［11］The Programming Languages Beacon．http：//www. lextrait. com/vincent/implementations. html．

［12］贾蓓，郭强，刘占敏，等．C 语言趣味编程 100 例．北京：清华大学出版社，2014．

［13］李根福，贾丽君．C 语言项目开发全程实录．北京：清华大学出版社，2013．

［14］明日科技．C 语言经典编程 282 例．北京：清华大学出版社，2012．

［15］刘高军，何莉．C 程序设计竞赛实训教程．北京：机械工业出版社，2012．

［16］张曙光，郭玮，周雅洁，等．C 语言程序设计实验指导与习题．北京：人民邮电出版社，2014．

［17］康莉，李宽．MySQL 实用教程．北京：机械工业出版社，2009．

［18］付森，石亮．MySQL 开发与实践．北京：人民邮电出版社，2014．